譚敦慈的
安心廚房

— Health kitchen —

最全面採買 ╳ 保存 ╳ 烹調 ╳ 清潔，
從吃開始，守護全家人健康！

食典

譚敦慈 著

suncolor
三采文化

凡事做到精簡原則
避免過度浪費

譚敦慈

我常在媒體和大家分享做家事的心得，很多人因此誤以為我很勤勞，所以才能將家人照顧得很好。其實，我真的不是一個勤勞的人，加上我自己也很忙碌，所以凡事皆以「精簡」為原則，不要給自己惹麻煩最好。

我們家不管食、衣、住、行，樣樣盡可能做到精簡，包括每天三餐，我也希望能不麻煩。很多人都知道，我們家飲食是採取「配給制」，每次採買前我都會先估算有多少人吃？需要多少食物？每種營養素是否都有顧及到？想清楚了再下手。

從我兒子還小的時候，我就會以分格的餐盤提供飲食，除了養成不過食的習慣之外，更好掌控每種食物份量多寡，所以也就更容易達到營養均衡的目標。這種精簡的原則，也能讓家事更有效率。例如，每餐都把食物吃光光，當然就沒有剩菜，除了不必擔憂隔夜菜的問題之外，也能使冰箱維持整潔及無異

林醫師以前就常推廣「少吃加工食品，多吃當季新鮮食材的概念」，當季盛產的蔬果不但便宜、好吃，而且不用灑太多農藥就可以生長得很好，只要清洗乾淨後烹調，就不用擔心吃進太多毒素。少吃一份問題食物，就能減少一份毒素，進而為健康多加一些分。

其實，要做到簡單、健康的生活一點也不難，除了追求簡單之外，如果能做到「適量」，就能讓自己更加輕鬆、自在！

味，更沒有廚餘及浪費食物等問題，可說是一舉數得。除了食物之外，其它東西也是有需求再購買，減少家裡物品堆積，家事也能省力不少！

很多主婦採購食材時，常會以為一次買多一點比較便宜，卻沒有想過大量購買，除了吃不完造成浪費，也因此影響食材的新鮮及安全性。因此，我通常都是當日購買食材，若比較忙碌時，也以五天內能食用完畢的份量為原則。

Contents 目錄

PART 4 VEGETABLES 蔬菜

PART 5 FRUIT 水果

PART 6 SEAFOOD & MEAT 海鮮&肉品

Chapter 1

KITCHEN
廚房家電

善用廚房家電，安全又健康！

婆婆媽媽們每天與三餐為伍，如何善用廚房家電，以減少暴露在油煙環境中，抽油煙機就成了重要關鍵；家中常見的微波爐、烤箱、電鍋、冰箱、洗碗機、氣炸鍋該怎麼清洗、使用，才會安全又健康呢？

抽油煙機

根據統計，台灣女性罹患肺腺癌患者中，約有九成是不抽菸的，因此廚房的油煙被懷疑可能是兇手之一。正確使用抽油煙機能有效降低罹患肺癌的可能性，為健康加分！

建議安裝法

吸風口低於口鼻

台灣的抽油煙機大多安裝在距離瓦斯爐70cm高的位置，加上廚房又小、又悶，較難避免吸進油煙的可能性，吸風口較低的抽油煙機，是較理想的機型，但是台灣極為少見。

距離要小於
70cm

譚老師經驗分享——讓口鼻高於吸風口的小撇步

若家裡的抽油煙機吸風口較高，可穿一雙前高後高的楔型高跟鞋，把身高墊高，讓口鼻高於抽油煙機的吸風口，降低吸入油煙的機會。

小提醒 勿用腳凳，否則容易忘記而跌倒、較危險；也可戴口罩，但在廚房已經很熱了，戴口罩可能會比較不舒服。

抽油煙機尺寸很重要

建議抽油煙機尺寸最好大於瓦斯爐10cm。

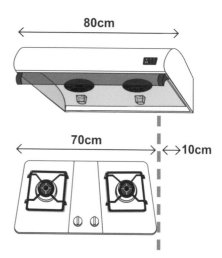

80cm

70cm

10cm

安心用法

空氣對流勿太大

空氣對流若太大會影響抽油煙的效果，建議靠近抽油煙機的門窗不要開，但要打開家中離抽油煙機較遠的門窗（不要開太大），以利排除油煙。

距離抽油煙機較近的門窗不要開

先開抽油煙機，熄火後續抽數分鐘

開火前先打開抽油煙機，熄火後再續抽5～10分鐘，簡單步驟就可以把懸浮微粒再抽乾淨一點。

定期清洗及更換油網

定期清潔及換油網，並注意排煙管是否通暢，才能保持抽油煙機的良好效果。

定期更換油網 ➜

烹調時，避免用熱鍋熱油，減少油冒煙，可以減少很多有毒物質；盡量不要使用煎、炸、烤或快炒的烹調法，可減少油煙及懸浮微粒的產生。

無毒清潔

方法1 烹調後，續抽風時，將清潔劑或稀釋過的小蘇打水裝在噴瓶裡，抽風時對著油口噴一下停一下，可達到邊轉、邊清潔油網的效果。

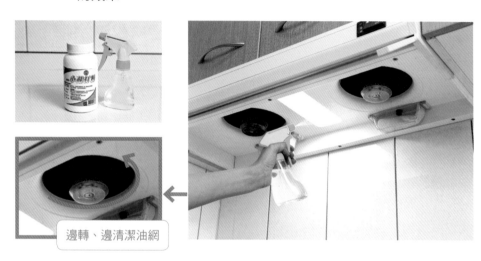

邊轉、邊清潔油網

方法2 用抹布沾溫熱的水，將抽油煙機整個擦拭乾淨即可。

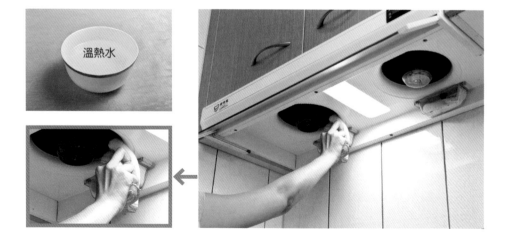

溫熱水

微波爐

很多人認為，食品拿去微波爐微波容易產生有害物質，但這是錯誤觀念，其實只要正確使用，有時反而能保留較多營養。

安心用法

勿太靠近電源

微波爐的電磁波含有微量游離幅射，使用時勿太靠近電源，使用後也要將插頭拔除，且打開一條小縫保持通風。

使用後，打開小縫，保持通風

用完拔插頭→

勿盯著爐內的光源

微波時不要注視爐內的光源，以減少白內障風險。

保持安全距離

微波時,與微波爐保持約成人一隻手臂平舉、手指伸直的距離(約70～100cm),此外,也不要站在門縫旁邊。

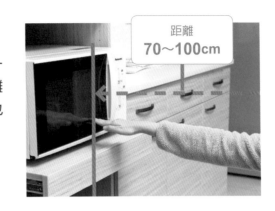

距離
70～100cm

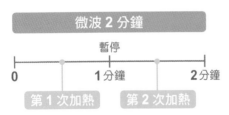

安心烹調法

採用漸進式加熱法

用微波爐來加溫食物,必須採取漸進式加熱,並停下來攪拌,使食物受熱均勻。每次不超過50到60秒,例如需要微波2分鐘的食物,先加熱1分鐘後暫停、攪拌均勻,再加熱1分鐘。

每次不超過
50～60秒

微波 2 分鐘		
	暫停	
0	1分鐘	2分鐘
第 1 次加熱	第 2 次加熱	

食物微波 7 ～ 8 分熟，
再進烤箱烤熟

食物先用微波爐烹調至7～8分
熟，再進烤箱用120℃以下的溫
度去烤，可減少高溫烹調，同時
兼具健康與風味。例如把雞腿或
馬鈴薯微波至7、8分熟，再用烤
箱烤一下，就能增加香氣、節省
能源。

微波爐		烤箱		烤熟
7～8分熟	→	120℃以下	→	增加香氣

加蓋後再微波

較容易濺油的食材，一定要加安
全的蓋子後再微波，才不會弄髒
微波爐，或用白色大瓷碗加瓷
盤、留一點縫隙的方式來微波。

我不建議食用微波
調理包，因其大多
高油、高鹽、高糖，塑膠微波容
易有塑化劑問題；若真的要食
用，調理包的包覆膜及蓋子要拿
掉，最好能自備微波容器。

留一點縫隙

TIPS
常有人問我，有標註耐高溫、可微波的塑
膠蓋是否可用來微波？當然，標示可微波
的蓋子可能較安全，但仍建議使用白色瓷
盤最安心。

NG 用法

NG1

不要用塑膠容器、美耐皿、有色餐具、帶金屬邊的餐具去微波。

美耐皿

NG2

切勿使用保鮮膜，以免塑化劑溶出。

保鮮膜

NG3

紙碗、紙盒內層可能有一層塑膠膜，建議只用於微波加溫，避免太熱。

紙盒加溫

無毒清潔

方法1 將大瓷碗裝滿水，進微波爐加熱2分鐘，待爐內充滿水蒸氣後，再以抹布擦拭內部。

加熱 **2** 分鐘

方法2 將抹布沾濕放在微波器皿裡加熱，將抹布擰乾後再擦拭爐內。

方法3 若微波爐裡有油漬，可加幾滴白醋在水裡微波加熱，之後再用抹布擦乾淨。

加白醋

 譚老師經驗分享──我都這樣用微波爐！

爐內如果留有食物的殘渣，每次加熱可能碳化，產生有毒物質，因此一定要保持乾淨。

此外，微波爐只適用於小份量食物的加熱或預先烹調使用，若是大份量食物或是大於500cc 以上的湯品，建議以爐火加熱、沸騰後會比較安全。

Kitchen

烤箱

經過烘烤的食物能提升色澤及風味，很受歡迎。近年來，台灣大腸直腸癌的罹患率居高不下，高溫燒烤食物可能也是兇手之一。不過，大家也不用太過擔心而將烤箱棄之不用，正確的使用方式就能避免危害健康。

安心用法

避免過於高溫

超過120℃就屬於高溫，建議家用烤箱使用時，盡量勿超過此溫度。

勿超過
120℃

烤到微黃顏色就好

食材烘烤後的顏色愈深，有毒物質可能愈多，建議烤到顏色帶一點黃即可，不要烤到深黃吐司的顏色。

微黃　　　　深黃

亮面朝上、霧面朝下

鋁箔紙是烤箱常使用的物品之
一，請留意亮面及霧面的上下位
置，務必是亮面朝上（接觸食
物）、霧面朝下，效果更好。

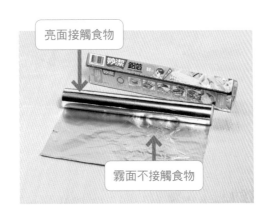

亮面接觸食物

霧面不接觸食物

無毒用法

勿直接在鋁箔紙上調味

勿將檸檬汁、醋或番茄醬在鋁箔
紙上直接與食物進行調味，以免
溶出鋁，增加鋁的吸收。

番茄醬　　　　　　醋　　　　　　檸檬

無毒清潔

方法1 　將瓷碗裝滿水，進烤箱加熱2分鐘，待烤箱內充滿水蒸氣後，再以抹布擦拭內部。

充滿水氣

加熱 2 分鐘

方法2 　將抹布沾濕放在烤盤裡加熱2分鐘，將抹布擰乾後再擦拭清潔內部。

方法3 若烤箱裡有油漬，可在烤盤裡撒小蘇打粉或是放水加幾滴白醋，至烤箱內加熱2分鐘，之後再用抹布擦乾淨。

方法4 如果你不喜歡白醋的味道，也可以改用檸檬或橘子皮擦拭內部，接著再用抹布擦乾淨。

提醒大家，每次使用完烤箱或廚房家電就隨手清潔乾淨，平時只要花一點點時間，就能讓家人及自己吃得更安心！

電鍋

電鍋是我很喜歡的家電之一,使用電鍋料理食物不但方便、快速,而且沒有油煙。

安心用法

選用不鏽鋼內鍋

以往電鍋的內鍋都是鋁製的,若長時間燉煮或遇到酸性物質,可能會把鋁溶出來。建議跟食物接觸的內鍋,以不鏽鋼鍋為主,或是使用玻璃或瓷碗、瓷盤。

 譚老師經驗分享——加生水煮飯沒問題

網路上流傳使用電鍋煮飯或食物時,若加生的自來水會讓氯留在鍋裡,進而汙染食材,其實這沒必要擔心,因為電鍋有蒸氣孔,烹調食物時氯會隨著水蒸氣揮發出去,不會有安全上的疑慮。

無毒清潔

步驟1 外鍋倒入八分滿的水，加入2顆對切的檸檬，蓋上鍋蓋，插上插頭並按下開關，煮10～15分鐘後將電源關掉、拔掉插頭。

煮**10～15**分鐘

用完拔插頭

步驟2 待鍋內的水稍微冷却、不燙手之後，把水倒掉，再用抹布擦淨即可。

TIPS

若手邊沒有檸檬，也可以1大匙的白醋替代，只是醋的酸味較重，有些人不是很喜歡。現在也有電鍋專用清潔劑，也可以用。

冰箱

冰箱的功用是儲存糧食，就像是古代的糧倉，因此老一輩也將它視為「財庫」，認為要塞好塞滿才能招財。不過，根據日本研究，結果正好相反，家裡冰箱越滿的人反而越貧窮。正確收納及使用冰箱，才能讓食物保持新鮮，減少浪費。

建議安裝法

預留散熱空間

冰箱運行時會自主散熱，注意須跟牆面或其它家具保持至少10公分以上的距離，冰箱上面或兩旁也不要堆積或懸掛物品，以免影響散熱功能。

距離 **10cm**

下層冷凍庫

冷凍庫也不要太滿，維持最多七分滿的原則，可分裝的食物也可用密封袋裝好保存。

安心用法

熟食放上層 生食放下層

未吃完的熟食或可即食的水果放上層，生食則是放在下層，如此才不會發生生食汙染熟食的情況。魚、肉等生鮮退冰時也是放最下層，避免血水汙染其它食材，記得解凍時間勿超過24小時，以免滋生細菌。

熟食

生食

以七分滿為原則

冰箱不宜塞得太滿，最好是以七分滿為原則，才有利空氣循環流動，若冰箱裡的空間不夠，溫度就會上升，易影響食物保鮮度。此外，若冰箱塞得太滿，無法「一目瞭然」，食材容易被遺忘，可能過期了還未察覺。

只放七分滿

醬料放在專屬收納盒

將調味醬料集中放在開放式收納盒裡，一拉出來就知道家裡有哪些調味料可用，使用時會更容易找尋。

醬料放收納盒

乾貨放冰箱門

香菇、木耳、綠豆、花椒……等
乾貨，放在冰箱門的位置，若拆
封過的，須先用透明密封袋包好
再放進去保存。若怕忘記保存期
限，也可在外包裝上註明。

無毒清潔

每週擦拭一次，注意縫隙

請每週清理冰箱一次，盤點哪些
食物或醬料快過期，可以趕快拿
出來食用。清潔時可用濕抹布擦
拭冰箱內部及細縫處，避免髒汙
及灰塵堆積。

擦拭縫隙

食材不要一次購買太多，小心被稱為冰箱殺手的李
斯特菌，它在低溫環境下也能持續生長，若將冰過
的食物反覆拿出來退冰又放回去，極易大量長菌。
美國、南非、歐洲、大陸都曾發生過民眾食用遭李
斯特菌汙染的食物，感染敗血症致死的案例。

Kitchen

洗碗機

要讓做家事變得更輕鬆，我認為洗碗機一定是不可或缺的。市面上洗碗機的機型非常多，使用的清潔劑也分好幾種，購買前先作足功課，才能選到符合自己需要的洗碗機。

安心選購

針對需求選購合適機型

每個家庭使用的餐具皆不相同，建議視需求選擇適合的機型，例如我習慣將鍋子放洗碗機一起洗，因此需要較大的機型。

選擇適合用洗碗機的餐具

並非所有的餐具都能放進洗碗機裡清洗，因此在選購餐具前，我也會挑選適合洗碗機使用的，才不會造成使用上的困擾。

這些餐具不能放洗碗機！→

安心用法

將整天餐具集中一起洗

有些人覺得使用洗碗機很浪費
水,我的作法是將一整天使用過
的餐具集中,包括杯、碗、盤、
盆、鍋子等,全部一次一起洗,
如此就可以省水又省力。

集中一起洗

清洗前先去除殘渣

餐具在放進洗碗機之前,先用餐
巾紙擦拭或清水沖一下,避免洗
碗機底下積累食物殘渣、造成不
衛生。

先去除殘渣

使用後記得散除濕氣

洗碗機一洗完,盡快把門拉開讓
濕氣散除,不要讓碗盤悶在裡
面。等洗碗機溫度降下來後,就
可以讓餐具歸位,避免留在洗碗
機裡過夜。

拉開散濕散熱

無毒用法

餐具使用前沖洗一下

若擔心光亮劑造成化學物質殘留，可在裝食物前用清水再沖洗一下餐具。

先沖洗

選自己習慣的清潔劑

很多廠牌會建議使用洗碗機專用軟化鹽，以軟化水質、增強洗淨效果，要不要使用，可視地區水質使用。市面上有多效合一的洗碗錠，也有洗碗粉及光亮劑分開的清潔劑，我個人比較習慣使用後者。

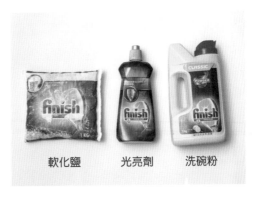

軟化鹽　　光亮劑　　洗碗粉

TIPS
台北市水質硬度較低，原則上不太需要使用軟化鹽，其他地區可視情況搭配使用。

這些餐具不能放洗碗機！

耐熱餐具才能進洗碗機，而現在餐具也都會有標示是否可使用洗碗機，選購前可注意。而以下幾種餐具不適合進入洗碗機，如最怕吸水發霉的木製餐具；不耐熱的美耐皿餐具；有彩繪的餐具；或是非一體成形的刀具等。

氣炸鍋

氣炸鍋標榜免開火、零廚藝,近年來成為超夯的廚房新寵,而少油也能做出美味料理的訴求,讓人誤以為比較健康,要多注意。

安心挑選

內部塗層及是否易清洗

氣炸鍋內部塗層是否完整,整體結構是否容易清潔,都是選購時的重點。

TIPS

認明安全標章:選擇氣炸鍋時先確認廠牌是否合格,有無安全標章。

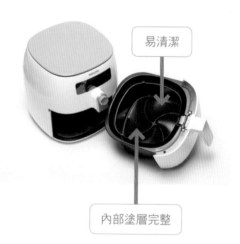

易清潔

內部塗層完整

使用時的健康提醒!

氣炸鍋其實是利用熱空氣循環的方式來讓食物變得酥脆,屬於高溫烹調,因此易產生致癌物質。有些人以為氣炸食物能減少油脂攝取量,於是毫無節制的亂吃,結果反而易造成肥胖。

安心用法

使用前先空燒去除異味

氣炸鍋購回後建議先以120℃的溫度,空燒2〜3分鐘左右,這樣能加速異味散除。接著再使用中性清潔劑清洗並且擦乾,才不會讓水氣悶在裡面而產生臭味。

先空燒
2 〜 3分鐘

烹調溫度控制在
120℃以下

高溫烹調會讓肉類產生異環胺、澱粉類產生丙烯醯胺、油脂類產生多環芳香碳氫化合物,這些都是會傷害健康的致癌物質。為了健康著想,使用氣炸鍋時最好將溫度控制在120℃以下,並且拉長烹調時間,這樣才能減少有毒物質產生。

勿超過
120℃

使用氣炸鍋時一定要開抽油煙機!

根據最新研究指出,若氣炸鍋在沒有抽煙煙機的密閉房間使用,油煙濃度暴增1525倍。

美味用法

食材攤平入鍋

使用氣炸鍋時食材一定要攤平，如果堆疊或塞得太滿，受熱會不夠均勻。使用前食材上的油要刷勻，並且記得要翻面，氣炸出來的成果才會美味又漂亮。

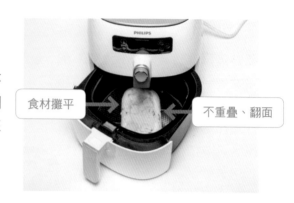

食材攤平　　不重疊、翻面

先盛盤再調味

檸檬汁、醋、番茄醬等酸性調味料，會增加不沾塗層溶出有害物質的機率，建議烹調後先將食物盛到盤子裡，再來進行調味。

酸性物質取出後再調味

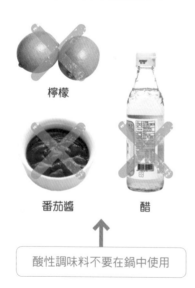

檸檬

番茄醬　　　醋

酸性調味料不要在鍋中使用

可選用氣炸鍋專用烘焙紙

烹調時在氣炸鍋裡鋪上一層烘焙紙，會更好清潔。

無毒清潔

每次使用後須清潔

使用氣炸鍋後裡裡外外，包括風扇的部分都要確實清潔及擦乾。如果沒有將食物殘渣、油脂等清除乾淨，每次使用時不斷重複加熱，易產生更多有害物質。此外，氣炸鍋內部有不沾塗層，切記一定要放涼後才能進行清潔。

放涼後清潔

風扇也要徹底清潔

氣炸鍋的風扇部分，每次用完都用紙巾沾熱水擦拭，就會很容易擦掉。

紙巾沾熱水擦拭

清潔後擦乾

使用後裡裡外外清潔乾淨之後，可用乾布擦乾。

擦乾

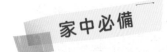

廚房**3**大清潔小物

我的個性很直接、簡單、不囉嗦,這個特質也反映在我常用的廚房清潔器具上,不講求花俏或特殊功能,阿嬤的菜瓜布、一般常見的抹布或中性清潔劑,都是必備品。

中性清潔劑

我多選擇中性清潔用品,何謂中性?以pH值1~14來看,7以下為酸、以上為鹼,太酸或太鹼都不好,人體觸摸到會受到傷害,一般的洗碗精多為中性,但選購時還是要留意標示是否註明為中性的清潔劑。

一般抹布

我不特別挑抹布的材質,但顏色會避用深色,以免髒了看不出來。清潔抽油煙機(含櫥櫃)的抹布固定1條、餐桌則分成乾、濕各1條,所以共有3條抹布;餐桌先用濕布擦,再用乾布擦,每次使用完後一定會洗淨、擰乾再晾乾或烘乾;且定期以1:1000的漂白水消毒,再用肥皂水洗淨。

阿嬤菜瓜布、海綿

清洗廚房家電或碗盤時,我不會選用鋼刷,以免造成刮痕,我大多使用未經染色的阿嬤型菜瓜布(絲瓜絡)或是素色的海綿。使用後要記得擰乾水分、掛起來晾乾,才能避免長霉斑。

會選用苦茶粉清洗碗盤嗎?

Ⓐ 苦茶粉擔心會讓水管阻塞,我個人是不使用。

水 1000:漂白水 1

科技海綿可用來清潔器具嗎?

Ⓐ 科技海綿含三聚氰胺,建議勿用於器具、餐具及鍋具等廚房用品,但可用來清除浴室洗臉台、水龍頭汙漬。

POT

鍋具

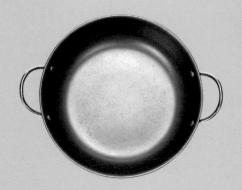

正確清潔及烹調，鍋具用更久！

大多數人的廚房裡不只一種鍋子，不沾鍋、鐵鍋、不鏽鋼鍋、陶

鍋……琳瑯滿目的鍋子，到底要怎麼選？怎麼用呢？其實，不同

鍋子有不同特性，適合的烹調習慣及清潔方式也有差異。正確使

用，可以讓鍋子的壽命更長久，也能減少清潔劑的使用。但不論

是哪一種鍋具，我在清潔時一定避免使用鋼刷，通常也都是盛盤

後再調味，如此才能用得安心、吃得放心。

Pot

不鏽鋼鍋

網路上很多文章提到不鏽鋼含錳，會增加健康風險，其實不鏽鋼分成好多等級，200系列是以「錳」代替「鎳」來防鏽，因此有釋出錳的疑慮。在此提供挑選及用法，只要掌握以下原則，就能安心使用。

安心挑選

選購 304 材質

此材質的鍋可以耐酸鹼、耐高溫，安全性相對比較高。不鏽鋼材質分成201、430、304、316多種，但依國家標準規定，食用級的器具必須以304～316不鏽鋼製作。

重量夠、有厚度

18/8、304材質的不鏽鋼除了看標示之外，特色是重量夠且有一定的厚度，價格當然也不會太便宜，這些都可以作為選購時的判斷依據；不要選只標示高級不鏽鋼或特級不鏽鋼的鍋具。

重量夠

開鍋養鍋

不鏽鋼鍋在製造時會使用黑油當成潤滑劑，因此剛購回時可能會有黑油殘留，你可以用下列方法來開鍋。

步驟1

徹底清洗1次（請照著後面的「無毒清潔」步驟來處理）。

> **TIPS** 也能用紙巾沾食用油擦一遍再清洗。

步驟2

用麵粉撒在鍋裡加些水揉成麵糰，可吸附黑油及雜質。

步驟3

接著丟棄麵糰，用中性清潔劑將鍋子清洗乾淨。然後加水煮沸，就完成開鍋養鍋的流程。

安心用法

煎、煮、炸、滷都適合

不銹鋼鍋是家庭主婦在廚房的好幫手，安全性高，適用煎、煮、炸、滷等烹調方式。

烹調後勿馬上沖水

溫度瞬間變化太快可能會讓鍋子材質受損，建議烹調後不要馬上沖冷水，如果要降溫，以鍋子背面沖冷水方式較適宜。

鍋背面沖冷水

譚老師經驗分享──鍋具使用的注意事項

烹調後的不鏽鋼鍋看似乾淨，很多人會用清水稍微沖一下即烹調下一道菜，這是錯誤的。不論使用哪種鍋子，烹調每一道菜之前一定都要將鍋子清洗乾淨，因為鍋面附著的食物殘渣、油脂及鍋垢，反覆加熱很容易產生致癌物質「苯並芘」。千萬不要為了小偷懶一下，而讓健康受損。此外，有些人會將煮魚後殘留的油，留下來炒菜，認為這樣比較香，其實這些煎過魚的油同樣可能含有苯並芘、多環芳香碳氫化合物，不適合再用。

NG用法

不鏽鋼鍋耐高溫、耐酸、耐鹼，
但建議不要長時間乾燒，否則可
能破壞鍋子。

乾燒
NO

無毒清潔

步驟1 使用後，在鍋裡加點水，放在瓦斯爐上再度燒開，輕輕搖晃鍋子，讓熱水的溫度可以均勻的分布在鍋面，將熱水倒掉，用抹布將鍋子清洗乾淨。

水燒開

TIPS 若鍋內有沾黏食物不易清除，可在鍋子裡加水、煮沸，然後用木質鍋鏟輕輕刮除附著物，接著熄火，讓熱水浸泡一下，等冷却後再以菜瓜布或抹布刷洗。

步驟2 洗淨的鍋子用抹布擦乾,將鍋子翻過來,放在瓦斯爐上用小火烤乾。

小火烤乾

步驟3 用廚房紙巾沾薄薄一層油,以畫圈的方式,從鍋面中心點慢慢往外擦,再以鍋底朝外的方式掛在牆上。

鍋底朝外

TIPS 下次使用較不易沾鍋。

TIPS
可避免接觸到落塵,下次要使用時只要稍微擦拭一下即可。

Pot

鐵鍋

鐵鍋耐熱、安全性很高，而且價格又合理，很多主婦廚房都有一只鐵鍋。鐵鍋的優點是導熱很快，很多大廚會用它來快炒，但缺點是鍋子本身重，加上容易生鏽，所以使用鐵鍋一定要學會養鍋。

安心挑選

包裝完整、標示清楚

過去曾發生以汽油桶外殼混充鐵鍋材質的案例，所以購買時最好選擇包裝完整、標示清楚的產品。

至有信譽的店家選購

菜市場賣的鐵鍋成分可能不夠純，較易混有雜質，建議到信譽好的店家購買。

> 有些廠商強調自家的鐵鍋能補鐵，但我擔心鐵鍋溶出的鐵有雜質，不適合身體吸收，不易達到補鐵的功效。而且補鐵最好依醫生指示。

開鍋養鍋

鐵鍋很容易生鏽，所以一定要養鍋，方法如下：

步驟1

新的鐵鍋上面有一層膜，新鍋買回後我會先燒紅，然後以紙巾擦拭1次。

TIPS 最好戴隔熱手套才能避免燙傷。

步驟2

等鍋子稍微冷却之後再燒1次，再用紙巾擦拭乾淨。

 共重覆 **3** 次

步驟3

然後以中性清潔劑加菜瓜布刷洗乾淨。

步驟4

之後用水煮沸,再洗1次後即可烤乾、抹油。

安心用法

烹調後勿馬上沖水

鐵鍋適合用來炒菜,烹調後不要馬上沖冷水,會造成煙霧四起,釋出有害物質,如要降溫,以鍋子背面沖冷水方式較為適宜。

勿馬上沖水

鍋背面沖冷水

NG用法

避免長時間燉煮中藥及湯類。

TIPS

鐵鍋長時間燉煮易溶出鐵質，這些鐵可能帶有雜質，不建議食用；而中藥可能帶有酸性，用鐵鍋燉煮會影響藥性。

無毒清潔

步驟1 使用後在鍋裡加點水，放在瓦斯爐上再度燒開，關掉爐火，輕輕搖晃鍋子，讓熱水的溫度可以均勻的分布在鍋面；接著將熱水倒掉，在水龍頭下一邊沖水、一邊用菜瓜布將鍋子洗乾淨。

輕晃鍋子

步驟2 洗淨的鍋子用抹布擦乾,將鍋子翻過來,放在瓦斯爐上用小火烤乾。

小火烤乾

步驟3 用紙巾沾薄薄一層油,以畫圈的方式,從鍋面中心點慢慢往外擦,然後以鍋底朝外的方式掛在牆上。

鍋底朝外

畫圓方式

TIPS 這樣不易生鏽。

TIPS
可避免接觸到落塵,下次要使用時只要稍微擦拭一下即可。

Pot

琺瑯鑄鐵鍋

琺瑯鑄鐵鍋的導熱及保溫性佳，顏色多樣，且基本上各式各樣的中西料理都可由鑄鐵鍋完成，現已成了喜好烹調者的最愛。五顏六色的鍋子請避免碰撞，以免色彩剝落、重金屬釋出。

安心挑選

無刮傷或損傷

選購時要留意鍋內是否完整、無刮傷，才能確保食的安全。

TIPS
建議挑選大廠牌或品牌具知名度、有信譽的廠商，品質較有保障，勿選購來路不明的產品。

開鍋養鍋

步驟1

以中性清潔劑清洗乾淨。

步驟2

加水煮沸，然後把水倒掉，擦乾
即可。

用抹布擦乾即可 →

安心用法

以中小火烹調

琺瑯鑄鐵鍋導熱效果極佳，開小
火或是中火烹調即可。

使用矽膠鏟、木鏟

請使用較不易刮傷鍋面的矽膠鏟、木鏟來翻炒食物，以免刮傷了琺瑯。

木質鍋鏟

矽膠鍋鏟

邊緣可抹一點油

鑄鐵鍋清洗乾淨、要收起來前，鍋子邊緣可抹一點油，可預防內緣生鏽。

薄薄塗一層油就好

使用隔熱手套

鑄鐵鍋的把手與鍋身是一體成形的，所以加熱時溫度很高，拿鍋子時一定要用隔熱手套，才不會被燙傷。

NG用法

不適用於微波爐

不適用於微波爐，但幾乎可以用
於其他爐具，像是瓦斯爐、電磁
爐、烤箱等。

不要在鍋子中切食物

烹調時請不要直接在鍋子中切食
物，以免損傷鍋具。

勿空燒或乾燒

使用鑄鐵鍋一定要冷鍋、冷油再
開火，空燒與乾燒都有可能損壞
鍋具，一定要注意。

空燒 NO　乾燒 NO

無毒清潔

降溫後再清洗

鑄鐵鍋一定要等降溫後再進行清洗動作，以免琺瑯熱脹冷縮而脫落。

降溫再洗

TIPS
若真的急著用，只好用溫水沖洗以幫助降溫。

勿用鋼刷刷洗

為了避免刮傷琺瑯，不可用鋼刷或菜瓜布清洗。

可加水浸泡一段時間

如果有食物沾黏在鍋子上，不要硬刷洗，可先加滿水泡隔夜，待其軟化後，即可輕易清除，或可用木質鍋鏟輕輕刮除附著物。

加水泡隔夜

將鍋具擦乾

鑄鐵鍋清洗完後，要記得用乾的抹布或紙巾擦乾，不要採取風乾方式，以免留下水漬。

表面塗一層薄薄的油

擦乾後，可在表面薄薄塗一層植物油，可預防生鏽，下次使用前，再用紙巾擦去即可。

 譚老師經驗分享——為何我不常用琺瑯鑄鐵鍋？

建議媽媽們，煮完每道菜一定都要徹底洗淨鍋子再進行下一道料理，以避免菜反覆在鍋內加熱、甚至炒焦吃下肚，但琺瑯鑄鐵鍋不適合在溫度高時清洗，其可能導致琺瑯質脫落。如果每道菜都要等鍋子冷却後再清洗，才能烹調下一道，會浪費太多時間，所以較適合用來烹煮單一一道菜使用。

Pot

不沾鍋

過往不沾鍋的表面塗層多是全氟辛酸，很多人擔心會釋出有害物質。其實不必太過焦慮，只要鍋面沒有刮傷或裂痕、不要乾燒，就不用太擔心安全問題，只要謹慎使用即可。此外，現在也有不含全氟辛酸的不沾鍋可選。

安心用法

料理前先開抽油煙機

一定要打開抽油煙機，才能減少吸入有害物質的機率。

鍋面塗上薄薄的油

以紙巾沾少許油，在鍋面塗上薄薄一層，然後加入食材後再開火，務必冷鍋冷油，才能避免空燒產生有害物質。

薄薄塗一層油就好

開中小火烹調

不熱鍋、不在不沾鍋上調味，
並以中小火（火不超過爐子的
2/3）方式烹調，是比較理想的
方式。

火不超過爐子的 **2/3**

用木質或矽膠鍋鏟

選用木質或矽膠材質的鍋鏟，拌
炒時比較不會刮傷鍋面。

木質鍋鏟

矽膠鍋鏟

全氟辛酸是一種人工合成的化學品，被廣泛使
用在各種不沾容器、鍋具的塗層，或是透氣、
防水、防油、防汙的紡織品等材料表面，若進
入人體，可能造成肝臟、胰臟等傷害。

NG用法

不能空燒、乾燒

不沾鍋要避免空燒、乾燒、熱鍋或將食材燒焦，都會傷害鍋子、縮短使用壽命。

避免在不沾鍋上調味

雖然不沾鍋能耐酸鹼，但醋、醬油、奶油、酒精及酸性調味料，都會提高溶出有害物質的機率，建議烹調時不要直接在鍋子裡調味較安全。

TIPS 若真的需要滷或燜煮，建議使用不銹鋼鍋。

避開帶刺、帶骨食材

帶骨的肉類、帶有魚刺的魚、帶殼的海鮮（如蛤蠣）或帶尖刺的螃蟹都不要使用不沾鍋，以免刮傷鍋面。

雞翅　　　　排骨

蛤蠣　　　　螃蟹

無毒清潔

步驟1 清潔時先用紙巾從鍋面由外往中心擦拭，若鍋子還很燙，最好不要立即清洗，趕時間的話，先將鍋子拿到水龍頭下，以鍋底朝上的方式沖水降溫。

鍋底朝上

TIPS
因鍋子中心點最油膩，以此方法能把殘留的油漬擦乾淨。

步驟2 將鍋子翻過來，一邊以中性清潔劑、一邊以材質較細緻的抹布洗淨擦乾，然後以鍋底朝外的方式掛在牆上。

TIPS
這樣做可減少接觸灰塵，也能避免碰撞或刮傷鍋面。

Pot
鋁鍋

用鋁鍋來料理會釋出鋁，有人會擔心傷腦、傷腎，很多人因此不敢使用鋁鍋。其實，鋁會從腎臟代謝出來，只要是腎臟健康的人都不用太過擔心，唯有腎病患者不建議使用鋁鍋烹調食物。

安心用法

煮開水沒問題

鋁鍋單純用於煮開水是沒有問題的，可以放心。

可用來燙青菜

鋁鍋可以拿來燙青菜，雖可燙青菜，但烹調時不要添酸性及調味料，否則可能有溶出鋁的風險。

NG用法

避免接觸酸性調味料

鋁鍋最怕碰到酸性物質，因此要避免醋、番茄醬等酸性調味料直接在鍋中調味，建議將食物煮熟後，倒進碗裡再調味。

酸性調味料 **NG**

番茄醬　　　　醋

無毒清潔

以海綿加中性清潔劑清洗，最後以清水沖洗乾淨即可。

Pot

陶鍋（砂鍋）

所有鍋子中，只有砂鍋、陶鍋適合拿來熬煮中藥，保溫效果也比較好。此外，陶鍋的外型氣派，能提升用餐氣氛，所以我常用它來煮粥、煮啤酒蝦或麻油雞等。

安心挑選

外觀顏色要接近原色

陶鍋外觀以顏色愈素、愈接近原始的愈好。

接近原色 →

內緣以原色為佳

最好選擇內緣是原色的，鍋子內避免有花樣或顏色，因長期使用會使塗料的顏色脫落，增加吃進重金屬的機率。

內緣以原色為優先選擇

留意瑕疵品

陶鍋在燒製過程中會有一些瑕疵品，有些不肖商人可能會拿出來賣，挑選時要特別注意。

開鍋養鍋

剛購回時，先用水加米熬成粥，利用米的黏稠度去除鍋子間隙的雜質。

TIPS

陶鍋方便的地方是之後不用再養鍋，只要用完、照著後面提到的「無毒清潔」清洗、擦乾就可以了。

這些粥不能食用

陶鍋燒焦怎麼辦呢？可先將水倒入鍋中，淹過燒焦處，煮沸後靜置一天，然後用海綿刷洗即可。

安心用法

勿浸泡冷水降溫

很多人燉煮食物後，會整鍋拿去
浸泡冷水降溫，冷熱交替可能會
讓陶鍋出現裂痕，建議最好不要
這樣使用。

TIPS 也請注意，陶鍋不能乾燒，否則可能
會裂開。

無毒清潔

以海綿加中性清潔劑清洗，最後以清水沖洗乾淨即可。

TABLEWARE & APPLIANCE

餐具&器具

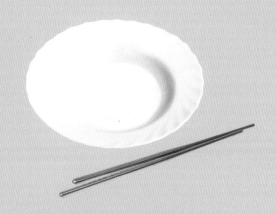

餐具的安全，易被輕忽！

餐具會接觸食物跟嘴巴，安全性尤其重要。近來食安問題頻傳，

大家都很擔心「吃」的安全，很多人對於吃進嘴裡的食物小心翼

翼，卻忽略平時所使用的餐具也可能帶來「病從口入」的危機。

外食餐具

台灣人喜歡外食、喝飲料，不管是手搖杯還是便利商店的罐裝飲料，經常看見人手一杯。但外食時會使用的吸管或是免洗筷，其實暗藏不少危機，為了家人及自身健康，不能不留意。

彩色吸管

TIPS 目前環保法規規定內用不得提供塑膠吸管，會大幅下降其使用率，但外帶則是沒禁止，還是必須注意健康問題。

塑化劑危機

吸管裡可能含有塑化劑，太熱或是酸性飲料容易讓塑化劑溶出來。尤其是酸性飲料、果汁等偏酸，如果用吸管吸食，容易溶出塑化劑，可能會對身體造成負面影響。

重金屬問題

吸管另一個問題則是擔心可能含有重金屬。市面上的吸管多為五顏六色，這些染料裡可能添加了重金屬，一不小心就會把重金屬吃進肚子裡。

TIPS 盡量避免使用吸管，建議直接就杯口飲用較佳。也可參考 P79 選購適合的環保吸管。

免洗筷

重金屬汙染

有些免洗筷外面會有塑膠套，建議盡量選擇包裝上沒有花樣的，若上面印有的紅色字體汙染到筷子，可能會有重金屬汙染問題；若紅字離袋口太近（最好距離3cm以上），打開拿出筷子時很可能汙染到筷尖，進而吃進嘴巴裡，所以打開後注意筷尖是否沾染紅色染料。

素色、無印紅字較佳

3cm

3cm

包裝上的紅字最好離袋口
3cm 以上

發霉

很多外食族會使用免洗筷，但是免洗筷的材質是竹子，很容易發霉，衍生黃麴毒素汙染的問題。

建議外食族們，最好還是隨身攜帶環保筷較安心。萬一不得已非要使用免洗筷時，可以拿起來先聞聞看，如果味道酸酸的、顏色太白的，都盡量避免使用，也可泡熱水去除。

多種化學物質

免洗筷曾被驗出聯苯、過氧化氫、二氧化硫等化學物質，有誘發過敏的疑慮。

餐盒、紙盒

噴粉吃下肚

餐盒上花花綠綠的圖案，如果與
盛裝食物接觸，可能會把印刷用
的噴粉或工業色素殘留物與食物
一起吃下肚。

TIPS 提醒大家，外帶餐盒盡量選購白色，
且少用塑膠袋裝盛熱食。最好是自備
餐盒，環保又安心。

塑膠湯匙

塑膠湯匙

塑膠湯匙的耐熱度比較低，拿來
喝熱湯、吃熱食，可能有溶損問
題產生；而且塑膠品裡的塑化劑
不是只有遇高溫才會釋出，其有
親油性，接觸到油都可能會溶出
塑化劑。

TIPS 使用塑膠餐具時請注意「三不」政策：
不微波、不加熱、不裝熱食，才能為
自身健康把關。

Tableware

家用餐具

除了免洗餐具，家中所使用的餐具也要小心挑選及清潔，多點留意，可以給家人更多保障喔！

安心挑選

選用 304 不鏽鋼材質

由於台灣氣候較潮濕，竹製或木製餐具如果沒有保存乾燥，容易成為細菌或黴菌的溫床，因此建議選用304不鏽鋼筷、鋼匙或是瓷湯匙（以素色為準），較方便清潔及保存。

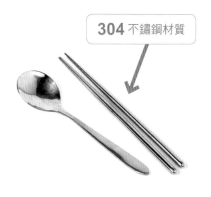

304 不鏽鋼材質

餐具要一體成型

凹凸不平的餐具，表面容易因清潔不易而藏汙納垢，造成細菌、霉菌孳生。所以，筷子、湯匙的挑選原則應以一體成型、表面平滑，沒有任何凹凸面或刻痕的比較好。

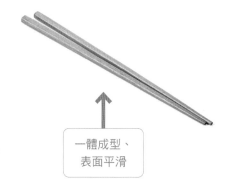

一體成型、
表面平滑

安心用法

使用的餐具要固定

建議每個人使用的筷子要固定,才能避免家人間互相傳播幽門桿菌,提高胃部疾病及胃癌的機率,若混合使用,要確實清洗、煮沸。

媽媽的 VS. 爸爸的 VS. 小朋友的

NG 用法

有刮痕或斑點狀避用

當餐具出現刮痕或是表面出現斑點狀(特別是木筷、竹筷),為了避免細菌滋生,建議直接更換避免使用。

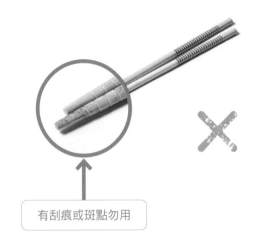

有刮痕或斑點勿用

TIPS

除了不鏽鋼餐具,其他材質的餐具約3～6個月就要更換,才能避免因材質磨損而造成健康疑慮,例如:木筷或竹筷起毛邊時,容易滋長霉菌,對健康不利。

避免用漆筷

五顏六色的漆筷雖然美觀，卻可能含有重金屬，建議觀賞就好，盡量避免選用。

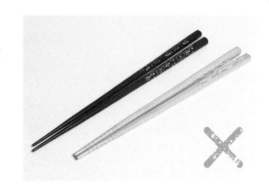

TIPS 染料多含有重金屬，原色、無花紋、無彩繪，是選擇餐具的重點之一，特別是接觸食物的部分更應避免花紋。

新餐具消毒

把剛買回的餐具先清洗乾淨（請照著後面的「無毒清潔」步驟來處理），接著把餐具放入滾水中煮沸一下。

TIPS 之後每週固定煮沸消毒1次。

很多人喜歡用一整把筷子互相搓洗的方式來清洗，但這種方式可能刮傷筷子表面，讓材質脫落下來，反而造成健康上的疑慮。

無毒清潔

步驟1

餐具每次使用完後要先沖水。

步驟2

接著放在大水盆內，讓餐具整個浸泡在中性清潔劑中，然後輕輕刷洗。

步驟3

再用清水沖洗乾淨。

步驟4

最後用紙巾擦乾或瀝乾。

步驟5

以筷尖或湯匙口朝上的方式放進筷架晾乾或烘碗機裡烘乾。

筷尖朝上

 譚老師經驗分享──筷架的清潔保存

❶ 雖然筷架只是置放筷子的器具，但仍建議固定每週以中性清潔劑＋海綿清洗1次。

❷ 若是不鏽鋼材質的筷架，可以用滾水煮沸消毒，擦乾後再風乾即可，美耐皿或塑膠材質的筷架，則不可使用這個方法。

❸ 造型密閉的筷架無法讓水分揮發，宜選擇通風好的筷架，較不易滋生細菌。

美耐皿餐具

美耐皿餐具耐摔、耐用,且外型美觀、漂亮,被廣泛使用於學校、餐館、家庭,甚至是小朋友學習吃飯的第一套餐具。不過,美耐皿餐具是由三聚氰胺及甲醛聚合壓製而成,因此使用上要特別小心。

安心用法

有刮痕就更替

美耐皿耐摔、耐用,但不見得可以長久使用,如果發現已經出現刮痕,為了健康,建議換新的比較好。

選擇台灣製、有廠牌的美耐皿餐具,不要購買來路不明的產品。

僅用於盛裝溫、涼食物

實驗顯示，溫度愈高，所溶出的三聚氰胺愈多，建議美耐皿的餐具僅使用於盛裝溫、涼食物就好，勿盛裝熱食。

僅用於溫、涼食物

TIPS

三聚氰胺廣泛用於塗料、塑膠、黏合劑、紡織、造紙等，初期對人體會產生腎結石，甚至引起腎臟癌、尿道癌、膀胱癌等。

NG用法

用於微波或蒸煮食物

微波爐加熱調理或蒸煮時的溫度偏高，不適合美耐皿的餐具，建議改用瓷製或耐高溫的玻璃餐具來替代。

不盛裝滾燙、酸性食物

美耐皿餐具（如湯杓、湯匙或筷子）皆不可放入熱湯、熱鍋中煮，酸性食物也不適合。

超過 **40**℃ 的
滾燙食物 **NG**

有刺激性臭味 NG

餐具除了外觀有無損傷，也可聞一下味道，如果有刺激性臭味就避免購買，以免買到甲醛殘留的次級品。

有臭味

譚老師經驗分享──美耐皿材質慎用

美耐皿的筷子、餐盤或湯杓是家裡或外食常見的餐具材質，遇熱及酒精（例如：火鍋、薑母鴨等）或酸性食材會溶出有害物質，建議避免用於高溫或酒精性食物，而筷、匙也不要浸泡在火鍋或湯中，要特別注意。

無毒清潔

步驟1

美耐皿餐具以清水加一點中性清潔劑，先浸泡一陣子。

步驟2

接著以海綿或抹布加以清洗，最後再用清水洗淨。

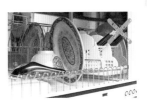

❶ 勿使用鋼刷清洗，以免造成磨損而釋出三聚氰胺。

❷ 不可放入烘碗機烘乾，否則會因溫度太高或紫外線而釋出三聚氰胺。

砧板和刀具

談了廚房家電和清潔小物，還有兩個廚房常見且必備的物品沒提到，那就是砧板和刀具，現在就一起來瞧瞧如何挑選和清洗吧！

砧板

廚房必備 4 塊砧板

切肉、青菜、水果及熟食的砧板都要分開使用，不要全部都使用同一塊。

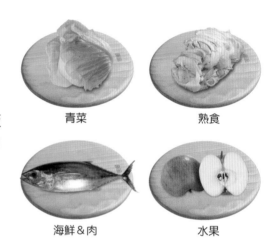

青菜　　　　　　　熟食

海鮮＆肉　　　　　水果

木質砧板 安心用

◎保持乾淨通風

每次用完一定要用中性清潔劑清洗乾淨，且放在砧板架裡、立起來晾乾，尤其注意要二面通風，才能確保不長霉菌。

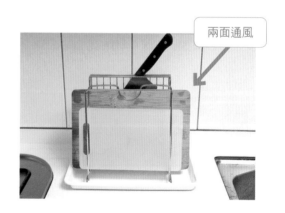

兩面通風

◎定期更換

有刻痕就容易髒汙納垢、發霉，因此要定期更換。

◎定期清洗

木頭材質的砧板可以用煮沸消毒法加強清潔，水燒開放入，但是煮沸後要趕快拿起來擦乾，因為木頭會吸水。

木質砧板煮沸消毒

PP砧板 安心用

◎勿剁肉及刮表面

PP塑膠砧板剁肉及用刀刮表面等動作容易產生塑膠顆粒，對健康不利。若是使用PP材質的砧板，注意耐熱溫度，若砧板無法耐高溫，避免將剛從鍋裡撈起來的熟食放在上面。

◎定期清洗

PP砧板建議定期以1：1000比例稀釋的漂白水浸泡消毒，並以清水沖洗乾淨，才能去除霉斑。

1000 : 1

PP 砧板漂白水消毒

刀具

一體成型、不鏽鋼材質

刀面跟刀柄接合處容易發霉及滋生細菌，因此我都會選擇不鏽鋼材質，而且一體成型、沒有接縫的菜刀。此外，生食、熟食的菜刀或剪刀一定要分開使用。

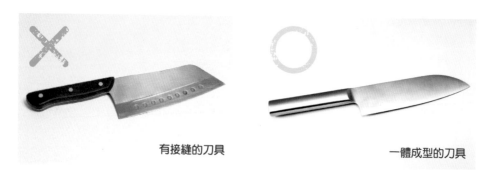

有接縫的刀具　　　　　　　　　　　一體成型的刀具

以中性清潔劑清洗、擦乾

菜刀或剪刀使用後一定要以中性清潔劑清潔，並以清水沖洗乾淨，最後再以紙巾擦乾並放於通風處。

Tableware

環保吸管

自環保署在部份場所禁用一次性塑膠吸管之後，「以口就杯」與環保吸管就成了大家矚目的焦點，目前市面共有四種常見的環保吸管，大家要懂得選擇適合自己使用習慣的材質，也要注意使用前後的清洗和保養。每次使用環保吸管後，若無法立即清洗，可先吸幾口白開水簡單沖過。

不鏽鋼吸管

選用 304 或 316 不鏽鋼材質

316或304不鏽鋼材質品質穩定，不鏽鋼的優點是硬度高、耐用，使用較為安全。

選用不鏽鋼吸管

硬度高導熱快 使用須注意

不鏽鋼的導熱速度較快，喝熱飲時須更加小心，以免被燙傷。

喝熱飲要小心

TIPS
使用不鏽鋼吸管時最好不要邊走邊喝，意外發生時易戳傷。若有咬吸管習慣，小心不要太用力，一不小心可能會讓牙齒缺一角。

不鏽鋼吸管新餐具清潔

不鏽鋼在製作打磨時須添加油脂，因此易殘留黑色油汙。建議不鏽鋼吸管買回家後，先進行新餐具清洗、消毒。

步驟1 廚房紙巾沾點食用油，捲成長條形，用小刷子將紙巾整條穿過吸管。

步驟2 使用中性清潔劑加水浸泡，並仔細清洗乾淨，將不鏽鋼吸管放進冷水中，加熱煮沸2~3分鐘，拿起來沖洗乾淨即可。

玻璃吸管

選透明無色

雖然大多數產品出廠時都須檢驗合格,但使用久了,可能出現顏料溶解,造成重金屬殘留的風險。建議選購時最好以「透明無色」為主,才能避免重金屬汙染的疑慮。也要選標示「不含鉛」的品項。

避免給小孩使用

玻璃吸管的缺點是容易破裂,有咬吸管習慣的人並不適合使用。為了安全起見,建議也不要讓小朋友使用。

玻璃吸管新餐具清潔

第一次使用玻璃吸管時,請以中性清潔劑加水刷洗乾淨,瀝乾後再開始使用。

竹吸管

挑選有上生漆防水的產品

竹子是天然材質，而且不易破裂，安全度相對較高。建議選購竹吸管時，應以內外皆磨得光滑，並且有上生漆、防水的產品較安全。

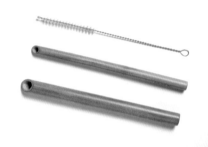

清洗後一定要擦乾或瀝乾

使用竹吸管後須立刻清洗，並且一定要擦乾或瀝乾，避免發霉。

出現毛刺或裂縫即更換

台灣氣候溫暖潮濕，竹子容易發霉，造成食安隱憂。因此，使用一段時間後，若因磨損出現毛刺或裂縫，建議更換。

矽膠吸管

環保好收納

矽膠餐具不但環保而且好收納，
便於攜帶，因此很受大眾歡迎。

好收納的矽膠吸管

味覺敏感者請注意使用

矽膠塑料的味道較重，即使
長時間用水浸泡也很難去
除，加上矽膠本身易吸附味
道，味覺較敏感的人可能會
覺得聞起來不太舒服。

矽膠吸管新餐具清潔

剛買回來的矽膠吸管，建議先用清潔劑好好清洗，之後再用熱水浸泡消毒。

步驟1

先用中性清潔劑，仔細清洗矽膠
吸管。

步驟2

用熱水浸泡消毒。

矽膠吸管無毒清潔

使用矽膠吸管後，記得要經常泡水或用中性清潔劑浸泡、洗淨，而且須充分晾乾，才能避免滋生霉菌。

充分晾乾

矽膠本來就容易吸附味道，若用矽膠吸管喝飲料，味道混雜，大部分人都不喜歡。因此要經常泡水或泡中性清潔劑，並充分晾乾。

Tableware

保鮮用品

保鮮盒是最常拿來保存食物的好用容器，材質不同，適用的盛裝食品也不同，如何無毒清洗跟安心使用，是現代人必備的知識！

保鮮盒

選耐熱玻璃或不鏽鋼材質

保鮮盒方便又環保，加上密封性高，可以延長食物保存的時間。保鮮盒的材質非常多，以耐熱玻璃及不鏽鋼材質較安全，即使熱食或酸性食物也能安心使用。

玻璃　　　　　　　不鏽鋼

塑膠材質用來裝蔬果或無油無酸食物

塑膠材質的保鮮盒建議以裝蔬果或無油、無酸的食物為主，才不會有塑化劑溶出的問題。

膠條須拆下清洗

每次使用後，都要將保鮮盒蓋上的密封圈膠條拆下來清洗並且晾乾，否則容易發霉。

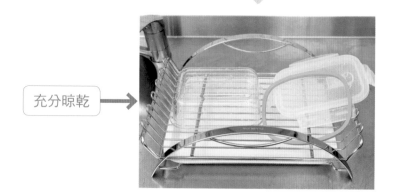

充分晾乾 ➡

蜂蠟布、樹蠟布

蜂蠟布及樹蠟布的原料單純、無毒，也可重複使用，是保鮮用品的新選擇。雖然「蠟」本身安全，但布上面的顏料可能會有重金屬殘留，建議若要包裹食物，最好還是選擇白色、沒有圖案的，而布料也是以原始棉布為主，沒有經過漂白的，用起來更安心。

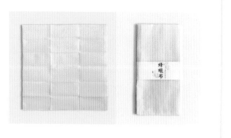

Chapter

4

VEGETABLES

蔬菜

當季盛產的蔬菜是我的首選

我會選擇當季盛產蔬菜的原因很簡單，因為只要季節對了，不必

使用太多農藥或化肥，就能有好的收成。如果不知道哪些蔬菜

是盛產，只要觀察一下市場裡哪些蔬菜最多？是不是很多攤販在

賣？價錢不會太貴等，選擇它們就對了。

選購台灣「當季蔬菜」安心又便宜

台灣農業十分發達，各式各樣的蔬菜營養又美味。
我挑選食材的原則是新鮮、乾淨，當季盛產的蔬菜是我的首選，
提供以下原則，以供大家參考。

原則1

「有機」非選購原則

有些人會懷疑蔬菜的農藥很多，是不是買有機的才安全？其實，我從不刻意選購有機商品，只要是選購當季盛產的蔬菜，且在清洗時仔細、用心一些，就不必太擔心農藥殘留的問題。

原則2

颱風前避免搶購蔬菜

颱風來臨前，農民會搶收蔬菜，消費者也一窩蜂搶購，其實搶收、搶種的蔬菜因為沒有經過農藥的安全採收期，可能會有農藥殘留的問題，所以建議大家要盡量少吃。

原則3

多吃深綠色蔬菜

深綠色蔬菜好處太多，且能降低黃麴毒素的傷害，達到排毒的效果，是我們家每天必吃的。

原則4

「環保」是選購關鍵

我常推薦大家多吃各式各樣的天然蔬菜，只要是當季盛產的，不論哪一種都很好。唯一例外的是高山產區的農作物我不會購買，原因並非不安全、不營養，而是不環保。愛護環境是大家共同的責任，不要為了口腹之慾而破壞它，否則大自然會反撲，後果更不堪設想。

葉菜類

葉菜類含有葉酸、礦物質、維生素 C 等，是餐桌上不可或缺的好食材，其挑選、保存、清洗等方法大同小異，只要掌握下列原則就可以吃得安心、健康。

安心挑選

到熟識、有信用的攤販選購

選擇蔬菜時會建議到比較熟識、信用好的菜販或選購超市標示清楚的產品會比較安心。

翠綠、有水滴非選購關鍵

有些人會注重蔬菜的外表是否翠綠或有水滴,但是泡過水的葉菜不好保存;不買看起來泡過水的青菜,買外表乾的,回家再洗。

買不同產地的蔬菜

請盡量購買不同地方出產的農作物,這樣才能分散風險,選購蔬菜時可以留意紙箱或包裝上的產地標示。

葉菜類較易枯黃,我每次購買的量以2、3天內能吃完為主,最多不超過5天,這樣才能確保新鮮及營養不流失。

購買時以 **2 ~ 3** 天的量為主

安心保存

步驟1

從市場買回來後，直接用紙巾把葉菜捲起，避免沾到水。

步驟2

接著把菜放進塑膠袋內，注意要由「根部朝塑膠袋內」的方向，將蔬菜套起。

根部

葉子

步驟3

塑膠袋打結，並留一點小縫隙，才不會太悶，可以延長葉菜的保存期限。

留一小縫

步驟4 順著葉菜的生長方向擺放，以直立的方式放入冰箱蔬果冷藏室中。由於葉菜較怕擠壓，如果冰箱的空間不夠高，可稍微斜放。

直立

斜放

TIPS 葉菜類平放比較容易把菜壓壞，直立方式較不會。

無毒清洗

省時＆省水的蔬菜清洗法

媽媽們平時已經很忙了，若還在洗菜上花太多工夫，哪來其他時間跟家人和孩子相處呢！所以，在這裡我想提供一個簡便的蔬菜清洗法給大家。

步驟1

首先，把當餐要料理的蔬菜去除雜葉並全放在一個大水盆裡，用手稍微刷洗2、3次。

刷洗 **2、3** 次 ➡

步驟2 接著把要特別刷洗的蔬菜拿出來個別清洗，例如：玉米、小黃瓜等以軟刷刷洗。再把水盆裝滿水，用細小、流動的水慢慢溢流12分鐘即可。

細小、流動的水
溢流 **12** 分鐘

TIPS 不用大水溢流的原因，是想讓殘留的農藥慢慢溶出來；溢流時，旁邊可放另一個水盆接洗菜水，可拿來澆花，也能兼顧環保。

葉菜清洗法

葉菜類可照著「省時&省水的蔬菜清洗法」，與其他菜一起清洗，但如果要單獨處理葉菜，可採以下方式處理：

步驟1 清洗葉菜前，先切掉蒂頭、根部，去除壞葉，切掉老梗。

去除壞葉

步驟2 將葉菜放入大水盆，用流動的清水沖洗2、3次，先清除根部的泥沙。接著把葉菜放在蓄滿水的大盆子裡，用細小（保持水流如一根筷子粗水量）、流動的水，慢慢沖洗12分鐘左右。

大量流動的水
沖洗 **2**、**3** 次

細小、流動的水
沖洗 **12** 分鐘

無毒料理法

拌煮炒青菜是最佳料理方式

拌煮炒青菜非常簡單、方便，是我最常用的蔬菜料理方式，既可保存營養，又不會冒油煙，拌煮炒的過程中，配料的香味會自行散發出來。

步驟1

把菜切成10～12cm左右的長度烹調，能避免部分營養素被破壞。如果覺得太長或太大塊，建議要吃之前再切或剪短。

步驟2

加一點點油，拌煮前加入1/2碗
或1碗的水再開火，這樣做才能
讓硝酸鹽或農藥溶在水中。

約 **1** 碗或 **1/2** 碗水量

TIPS

人家常說白飯加菜湯很營養，我建
議不要這樣做，且青菜盛盤時要避
開湯汁，能減少吃進農藥及硝酸鹽
的機會。

 譚老師經驗分享——醃漬菜這樣料理較健康！

醃漬菜（如酸菜、酸白菜、
雪裡紅）的鹽分及硝酸鹽
含量都很高，若用海鹽醃
漬，亞硝胺也不少，建議
盡量少吃。如果要吃，需
確實清洗、汆燙後再烹
調，以降低有毒物質。

❶ 將醃漬菜放在水盆裡，
然後用手一邊撥開、一
邊沖水。

❷ 用熱水汆燙 1 次。

泡菜 這樣做！
❶ 進行上述醃漬菜的步驟 1、2 後。
❷ 再加點醋或檸檬汁、辣椒粉，口感一樣很不錯。

NG 料理法

避免燙青菜

燙青菜看似健康，但因需要較多
熱水，容易讓葉菜水溶性的營養
素流失。

營養易流失

TIPS 如果真的要燙青菜，水不要加
太多。

避免大火拌炒或爆香

快炒青菜是台灣常見的料理，但
傳統大火拌炒的方式會產生煙霧
及有毒物質。

TIPS
爆香過程會產生多環芳香碳氫化合物，油開始
冒煙也會產生有毒物質，很多不抽菸的女性卻
得肺癌，可能跟這種化合物有關。

譚老師經驗分享——我最常做的炒綜合蔬菜

此道料理能幫助職業婦女省去許多做菜時間，一次攝取到多種養分。我有時
會把金針菇、青江菜、高麗菜一起炒，簡單料理就能吃到多種蔬菜。

金針菇   青江菜   高麗菜

我家餐桌上常出現的健康葉菜

菠菜

【別名】 菠薐、紅嘴綠鸚哥、波斯菜、風菱菜、風龍
　　　　菜、角菜
【品種】 分為「角粒菠菜」及「圓粒菠菜」。
【產地】 全台各地皆有栽種，以雲林、嘉義一帶較多。
【產期】 自10月至隔年4月，冬季為盛產期。

地瓜葉

【別名】 番藷葉、番薯葉、過溝菜
【品種】 品種多樣，常見的有綠葉種及紫葉種，紫地瓜
　　　　葉口感較硬。
【產地】 雲林、苗栗、台南、花蓮等地。
【產期】 全年皆有，3月至9月為盛產期。

空心菜

【別名】 甕菜、蕹菜、埔蕹、無心菜
【品種】 分為大葉種、中葉種及小葉種三大類。
【產地】 分佈全台各地，以台北、彰化、雲林、嘉義、
　　　　台南、屏東、宜蘭等地較為集中。
【產期】 一年四季皆有，盛產期為夏季。

青江菜

【別名】 湯匙菜、江門白菜、大頭白菜、青梗白菜
【品種】 分成青梗和白梗兩種，是小白菜育成的耐熱抗
　　　　病優良品種，在台灣是很常見的蔬菜。
【產地】 全台栽培面積前三名依序為雲林縣、新北市、
　　　　花蓮縣。
【產期】 10月至隔年2月左右。

韭菜

【別名】 長生菜、起陽菜、壯陽菜、扁菜
【品種】 可分為大葉種、小葉種及呂宋種等，依栽培的
方式還可分為韭菜、韭菜花、韭黃（白韭菜）。
【產地】 主要產地在大溪、溪湖、清水、鹽埔、北斗、
田中、花蓮、屏東等地。
【產期】 韭菜、韭黃全年都有，韭菜產期為3月至12月。

茼蒿

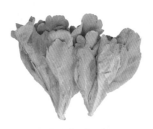

【別名】 打某菜
【品種】 分為虎耳大葉種、裂葉種、匙葉種，以虎耳大
葉種栽培最多、最常見。
【產地】 全台各地皆有，以雲林、嘉義、彰化為主。
【產期】 10月至隔年4月左右。

芥藍菜

【別名】 格藍菜、綠葉甘藍、捲葉菜
【品種】 分為平滑葉種、皺菜種及捲葉種等，以平滑葉
種最為常見。
【產地】 台北、彰化、嘉義、雲林、高雄等地。
【產期】 全年皆有生產。

萵苣

【別名】 A菜、鵝仔菜、萵仔菜、生菜、千金菜
【品種】 分為不結球萵苣、皺葉萵苣、大尖葉萵及小尖
葉萵等，以不結球萵苣（A菜），較為常見。
【產地】 全台皆有栽培。
【產期】 全年皆有生產。

包菜類

十字花科的高麗菜、大白菜、花椰菜都是抗氧化、抗癌的高手,有利人體健康,我常推薦大家食用。

例如冬天的高麗菜,不但價格便宜,滋味也非常鮮美,我兒子很喜歡吃,是我們家餐桌上常見的菜餚。而花椰菜抗自由基的效果非常好,建議喜歡吃牛肉的人可以搭著吃,營養均衡又有益健康。

Vegetables

高麗菜

【別名】 甘藍、捲心菜、包心菜、洋白菜、玻璃菜。
【品種】 高麗菜的品種非常多，有圓型、扁型及尖型，一般以扁圓型的最常見。
【產地】 全台各地皆有。
【產期】 全年皆有生產，11月到3月為盛產期。

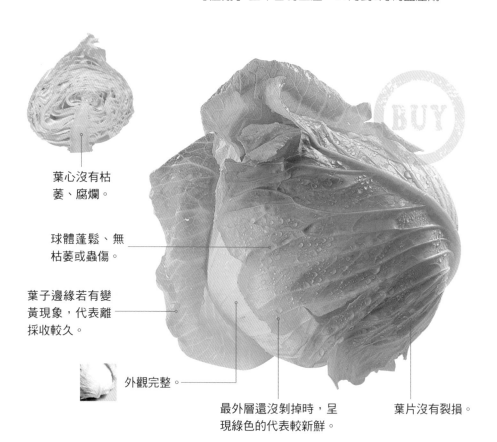

葉心沒有枯萎、腐爛。

球體蓬鬆、無枯萎或蟲傷。

葉子邊緣若有變黃現象，代表離採收較久。

外觀完整。

最外層還沒剝掉時，呈現綠色的代表較新鮮。

葉片沒有裂損。

挑選

拍打聲要扎實

高麗菜不是愈大愈重就一定好，除了外觀的挑選原則，不妨用手稍微拍打高麗菜，選擇聲音較扎實的，代表較新鮮好吃。

安心保存

步驟1 將當餐要吃的高麗菜先切下來,其餘的高麗菜以紙巾包裹好。

步驟2 然後裝進塑膠袋裡,最後放進冰箱蔬果冷藏室保存即可。

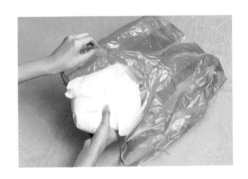 

高麗菜算是耐放的包菜,低溫冷藏、包覆好放進冰箱,大約可保存1個月左右,但還是建議買了就盡快吃完,才能攝取到最完整的營養。

無毒清洗

包菜類同樣可照著「省時＆省水的蔬菜清洗法」，與其他菜一起清洗，但如果要單獨處理高麗菜，可採以下方式處理：

步驟1 清洗前先將菜心去除、剝鬆，或把菜葉輕輕地一葉葉剝下來。

剝下菜葉

步驟2 將菜葉放入大水盆，用流動的清水沖洗2～3次，以清除泥沙。將菜葉放在蓄滿水的大盆子裡，用細小（保持水流一直線的最小水量）、流動的水，慢慢沖洗12分鐘左右。

流動的水來洗

細小水量沖洗
12分鐘

TIPS 讓農藥慢慢溶解溢流出來。

安心料理法

步驟1

可依照個人喜歡的口感，切成適
當大小，但盡量不要太小，營養
素容易流失，可切成塊狀。

步驟2

青菜下鍋後不要蓋蓋子，鍋中倒
入1/2～1碗的水，這樣做才能讓
農藥、硝酸鹽揮發或溶在水中。

勿加蓋、
水量要多

同葉菜類，我喜歡採取炒綜
合蔬菜的料理方式，多種蔬
菜一起料理，能幫助職業婦
女省去許多做菜時間，一次
攝取到多種養分。

Vegetables

大白菜

【別名】結球白菜、包心白菜、捲心白菜。

【品種】可分為包心白菜、天津白菜及山東大白菜
等。包心白菜為圓型，口感爽脆；天津白菜
為長條型，口感較為粗硬；山東白菜為長橢
圓型，個頭大、纖維粗。

【產地】主要產地以彰化、雲林、嘉義為主。

【產期】全年都有生產，但以冬季品質最佳。

外表乾爽。

球體緊密、
具重量感。

葉片潔白完整、沒
有枯萎的外葉。

外觀沒有黑
色斑點。

挑選

聞聞有無腐味

大白菜呈結球狀，想從外觀來辨別好壞，有時不是
那麼容易，建議選購前可以聞一聞，如果發現有腐
臭味或氣味不好，代表裡層可能已經腐壞。

安心保存

一葉一葉剝下當餐要吃的部分，吃不完的部分以紙巾包覆，然後裝進塑膠袋裡，最後再放進冰箱保存即可。

無毒清洗

同樣可照著「省時＆省水的蔬菜清洗法」，與其他菜一起清洗，但如果要單獨處理大白菜，可採以下方式處理：

步驟1

先將大白菜的菜葉一葉一葉的剝下來。

剝下菜葉

步驟2 然後放入大水盆，用流動的清水沖洗2～3次。將菜葉放在蓄滿水的大盆子裡，用細小（保持水流一直線的最小水量）、流動的水，慢慢沖洗12分鐘左右。

細小水量沖洗
12分鐘

流動的水來洗

TIPS 讓農藥慢慢溶解溢流出來。

安心料理法

可依照個人喜歡的口感，切成適當大小，但盡量不要太小，營養素容易流失，可切成約10～12cm，要吃之前再切得更細一些。青菜下鍋後勿蓋蓋子，鍋中倒入1/2～1碗的水，這樣做才能讓農藥溶在水中或揮發。

勿加蓋、
水量要多

TIPS 白菜不要熬煮太久，才能保留更多營養素。

花椰菜

【別名】花菜、菜花、青花菜。

【品種】品種及種類很多，一般分為青花菜及白花椰菜二種。青花菜口感清脆，白花椰菜口感較細緻。

【產地】以彰化、苗栗、雲林、嘉義、高雄為主。

【產期】11月到隔年3月。

蕾球潔淨且緊密。

外觀乾淨、無老化黑斑。

青花菜則以顏色青綠、不偏黃為主。

花梗呈淡青色。

挑選

整株都可食用

花椰菜幾乎全身上下都可以吃，除了花蕾，花梗切片燙過帶有口感，此外有些人也會把花梗製成泡菜食用。

安心保存

方法1 　用紙巾包裹住花朵的部分，露出花梗。放入塑膠袋後，再放入冰箱保存。

裹住花蕾

TIPS
可避免水分散失而變得
太過乾燥。

方法2 　清洗過後先以滾水加鹽、加幾滴油汆燙，接著撈起花椰菜放在盤中瀝乾、放涼，然後放入保鮮盒中，最後放進冰箱冷藏保存，但要盡快吃完。

加油　加鹽

放涼

TIPS
鹽和油有抗氧化功能，燙
的菜會更漂亮。

無毒清洗

同樣可照著「省時&省水的蔬菜清洗法」，與其他菜一起清洗，但如果要單獨處理花椰菜，可採以下方式處理：

步驟1 先把整棵花椰菜浸泡於大水盆中。以流動、細小（保持水流一直線的最小水量）清水沖洗12分鐘。

浸泡

細小流動的水

TIPS 若花椰菜會浮起，可加瓷盤壓一下，讓菜確實浸泡於水中。

步驟1 切成小朵，再用大水沖洗1次。

大水沖洗

安心料理法

步驟1

先在鍋裡加水、加鹽及幾滴油煮沸，再將切好的花椰菜丟進鍋裡燙熟。

加鹽

步驟2

水再度沸騰後，就可以撈起來、盛盤。

水再沸騰 **1** 次 ➝

花椰菜的營養價值高，富含維生素C及胡蘿蔔素，烹調時要注意加熱時間不要太長，避免養分流失。

瓜果類

五顏六色的瓜果能為餐桌增添美麗色彩，但連續採收型的瓜果類，例如：茄子、小黃瓜、豌豆、四季豆類等，因成熟時間不同，有些已經熟了進行採收期，但旁邊還不能採收的卻可能還在噴灑農藥，容易遭受汙染，造成農藥殘留的問題，因此瓜果類清洗時一定要更仔細才行。

Vegetables

小黃瓜

【別名】瓜仔泥、刺黃瓜、花胡瓜、小胡瓜。
【品種】小黃瓜品種非常多,更迭快速,常見的有產量高的「鳳燕」、305號及群燕等,口感都很不錯。
【產地】全台皆有生產,以苗栗、台中、南投、台南、花蓮、高雄、屏東為主要產區。
【產期】1月至10月為生產期,夏季則為盛產期。

表面青綠有刺,口感較脆。

沒有水傷。

整條勻稱、不彎曲。

蒂頭沒有掉。

挑選

摸一下瓜身

如果摸起來軟軟或有凹陷的,代表可能不夠新鮮,不宜購買。

安心保存

步驟1

小黃瓜用紙巾捲起來包好，接著放進塑膠袋裡。

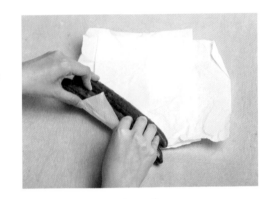

步驟2

小黃瓜以直立的方式（長花的那端在上面），放在冰箱蔬果冷藏室保存。

長花

有些人建議，小黃瓜放入冰箱保存時最好避免與番茄放在一起，因番茄會催熟小黃瓜，使其爛得比較快，但如果是照我上述提到的方法保存小黃瓜，就不用擔心有這種狀況發生。

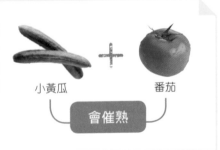

小黃瓜　＋　番茄

會催熟

無毒清洗

同樣可照著「省時&省水的蔬菜清洗法」，與其他菜一起清洗，但如果要
單獨處理小黃瓜，可採以下方式處理：

步驟1 小黃瓜放在水盆裡，以細小、流動清水浸泡12分鐘。

細小流動的水

TIPS 小黃瓜若會浮起，可加瓷盤壓一下，讓小黃瓜確實浸泡於水中。

步驟2 接著再以軟毛刷刷洗1遍。

甜椒可照著小黃瓜的清洗
法來處理，但蒂頭凹陷處
要特別以軟刷清洗乾淨。

安心料理法

汆燙後再食用

很多人會將小黃瓜拿來生食，但我建議汆燙過再食用會比較安心。將水煮滾後放入小黃瓜，再沸騰時即可撈出。

TIPS 若要維持脆度，撈出後放冰水裡泡一下即可。

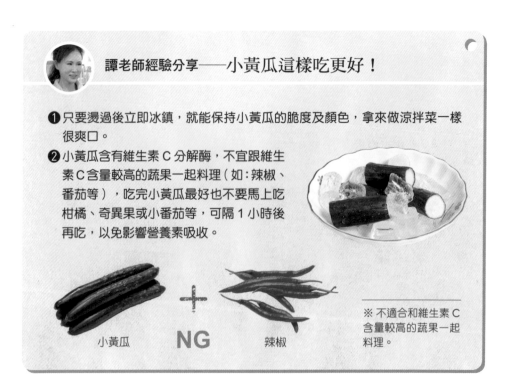

👩 **譚老師經驗分享——小黃瓜這樣吃更好！**

❶ 只要燙過後立即冰鎮，就能保持小黃瓜的脆度及顏色，拿來做涼拌菜一樣很爽口。

❷ 小黃瓜含有維生素C分解酶，不宜跟維生素C含量較高的蔬果一起料理（如：辣椒、番茄等），吃完小黃瓜最好也不要馬上吃柑橘、奇異果或小番茄等，可隔1小時後再吃，以免影響營養素吸收。

小黃瓜　**NG**　辣椒

※ 不適合和維生素C含量較高的蔬果一起料理。

Vegetables

番茄

【別名】柑仔蜜、西紅柿、臭柿子、番柿、小金瓜。

【品種】常見的有牛番茄、黑柿番茄、聖女小番茄等。

【產地】彰化、雲林、台南、屏東、花蓮等地。

【產期】一年四季有不同品種番茄輪流上市，大番茄盛產期為10月～5月，小番茄盛產期為11月～3月。

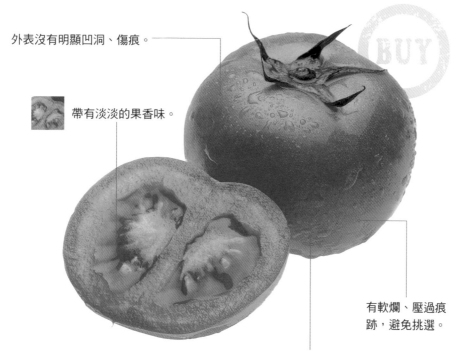

外表沒有明顯凹洞、傷痕。

帶有淡淡的果香味。

有軟爛、壓過痕跡，避免挑選。

底部呈現圓滑弧度。

挑選

選擇有蒂頭的番茄

番茄蒂頭具有保護作用，常見瓜果類食材蒂頭脫落時，傷口會呈現黑黑的，很可能是長霉。我購買時會選擇帶有蒂頭的，有時攤販老闆會好心要幫忙把蒂頭去除，我會叮嚀他們不要這麼做。

安心保存

步驟1

先放一層廚房紙巾在冰箱蔬果冷藏室裡。

步驟2

將番茄以蒂頭朝下的方式置放，這樣就可以吸附水分，才會不易發霉。

TIPS 如果購買的數量較多，就在番茄上再鋪一層紙巾，之後再用同樣方式將剩餘的番茄放上去。

蒂頭朝下

保存

勿與其他食材放一起

番茄的蒂頭易刺傷其他蔬果，勿跟其他食材擠放在一起。

無毒清洗

同樣可照著「省時&省水的蔬菜清洗法」，與其他菜一起清洗，但如果要單獨處理番茄，可採以下方式處理：

步驟1 以細小、流動的清水浸泡12分鐘，接著去除蒂頭。

細小流動的水

TIPS 番茄若會浮起，可加瓷盤壓一下，讓番茄確實浸泡於水中。

步驟2 番茄再以軟毛刷輕輕、仔細刷洗乾淨。

番茄含豐富茄紅素，但要加熱、吸收油脂，轉化成脂溶性維生素，才能被人體大量吸收，但現代人營養均衡，餐餐都有油脂，烹調時不需額外加太多油，通常加個幾滴植物油即可。

茄子

【**別名**】茄瓜、矮瓜、昆崙瓜。
【**品種**】以外型可分為長茄、胭脂茄、水茄、圓茄等。
【**產地**】以彰化、南投、雲林及高屏地區為主。
【**產期**】5月至12月為盛產期。

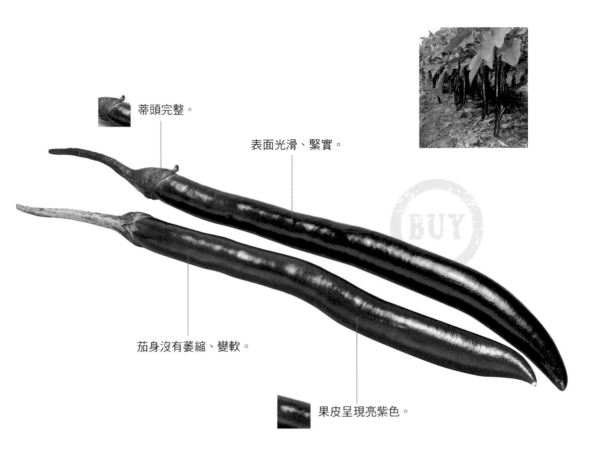

蒂頭完整。

表面光滑、緊實。

茄身沒有萎縮、變軟。

果皮呈現亮紫色。

挑選

感覺一下茄身

可以用手摸一摸，如果覺得觸感結實且飽滿有彈性，代表茄子的鮮度夠。

安心保存

步驟1

茄子以紙巾捲起來，然後放進塑膠袋裡。

步驟2

放入冰箱蔬果冷藏室直立保存，就像它們生長在樹上的樣子一樣；如果茄子太長，可以改成斜放的方式保存。

斜放

3天內食用完畢

吃不完的茄子可用上述的安心保存法來保鮮，但茄子在低溫下容易有寒害，建議還是在3天內食用完畢，或少量採購。

無毒清洗

將茄子放在水盆裡，以細小、流動的清水浸泡12分鐘，茄子再以軟毛刷刷洗1次。

細小、流動的水
浸泡 **12** 分鐘

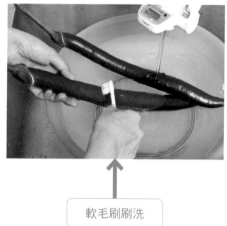

軟毛刷刷洗

安心料理法

清蒸

先將茄子洗淨切塊，接著放入電鍋內清蒸。

滾水加鹽

首先，煮一鍋水，水滾後在鍋中加入一點鹽，在鍋中放入切塊的茄子。接著蓋上鍋蓋煮一下，等再度煮沸後即可撈起。

加鹽

煮沸

撈起

 譚老師經驗分享──茄子泡醋抗氧化

為了維持茄子的顏色，很多人會先油炸過，但這樣的方式會破壞茄子的營養素，也會吸附太多油脂，那要如何做才能保留茄子美麗的顏色？首先，在碗裡裝水，加上 1 大匙白醋，接著把茄子切小段（或再對切），立刻泡醋水來防止氧化；也可用鹽水泡一下或快速汆燙（記得要壓一下浮起的茄子，讓茄子確實都燙到）！

根莖類

（根）莖類營養又具飽足感，尤其習慣帶便當的人，如果不喜歡葉菜類蒸過變色，根莖類會是很好的選擇。颱風季節時，遇到葉菜搶收、漲價的狀況，也可改用根莖類食材取代。

Vegetables

馬鈴薯

【別名】 洋芋、洋番薯、山藥蛋。
【品種】 馬鈴薯種類繁多，國外品種甚至達上千種以上。國產馬鈴薯以外來品種「克尼柏」為主，其外型呈橢圓型，外皮光滑。
【產地】 台中、雲林、嘉義、台南等。
【產期】 12月到隔年3月。

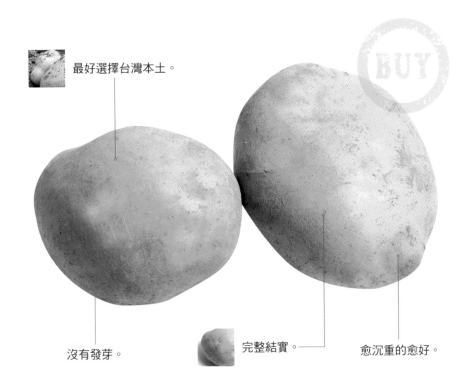

最好選擇台灣本土。

沒有發芽。

完整結實。

愈沉重的愈好。

挑選

發芽絕不能食用

馬鈴薯發芽後會產生龍葵鹼（茄鹼），具有毒性，可能導致嘔吐、腹瀉、腹痛，若發芽最好直接丟棄，絕對不能只挖掉發芽的地方就食用。

安心保存

鋁箔紙包覆以避光

馬鈴薯容易長芽，購買後建議用
鋁箔紙亮面處包覆以避光。

亮面

TIPS 鋁箔紙可以重複使用、不浪費。

最好放冰箱保存

① 台灣環境較潮濕，不建議放室
　溫保存，最好放進冰箱蔬果冷
　藏室，才能延長保鮮期。
② 若不放冰箱也可以。準備紙
　袋，放入馬鈴薯，中間放蘋
　果，紙袋不密封。

← 中間放蘋果，紙袋不密封

保存

　芋頭的保存法和馬鈴薯、地瓜類
　似，但因芋頭本身較潮濕，最好
　先以紙巾包裹以吸附濕氣，之後
　再用鋁箔紙完整包覆，再放進冰
　箱的蔬果冷藏室保存。

無毒清洗

馬鈴薯清洗法

在水龍頭下以軟毛刷刷洗,接著再沖2、3次,然後用刨刀把外皮去掉,最後去完皮的馬鈴薯再用水清洗1次。

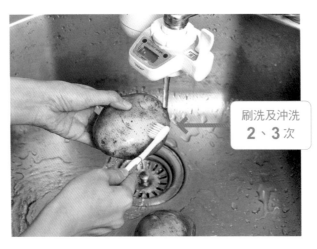

刷洗及沖洗 **2、3**次

芋頭的清洗同馬鈴薯一樣,在水龍頭下用清水及刷子將外表汙泥刷洗乾淨、削去外皮,去皮後再沖洗2、3次。

沖洗 **2、3**次

TIPS 很多人對芋頭過敏,處理時會泛紅、發癢,最好戴手套,以免黏液接觸到手。

Vegetables

地瓜

【別名】甘薯、番薯、紅薯、甜薯。
【品種】地瓜品種眾多,常見的為黃肉番薯、紅肉番薯,以及紫心的芋仔番薯。
【產地】全台皆有產,以台中、彰化、屏東、嘉義、雲林、台南等地為主。
【產期】全年皆有產。

表皮無黑斑。

不在同一攤購買,以分散風險。

不迷信一定要帶土。

清楚產地。

長芽者避挑。

挑選

長芽地瓜少食用

地瓜很容易長芽,雖然不具毒性,但可能影響口感,也可能因保存不當,產生黑斑或肉眼看不見的問題。建議還是少量購買,並盡快吃完。

安心保存

生地瓜冷藏前用鋁箔紙（或深色塑膠袋）包一下，可避免見光長芽，包好後再放入冰箱的蔬果冷藏室保存；生地瓜在冷凍前先洗淨、擦乾，可以保存更久，也不會影響口感，且可縮短烹調時間。

TIPS 地瓜若要放冰箱冷藏，先不要把表面的土刷掉，要吃之前再刷即可；鋁箔紙可重複使用、不要浪費。

無毒清洗

在水龍頭下以軟毛刷刷洗並沖洗2、3次，然後用刨刀將地瓜的外皮全部去除，最後去完皮的地瓜再用水清洗1次。

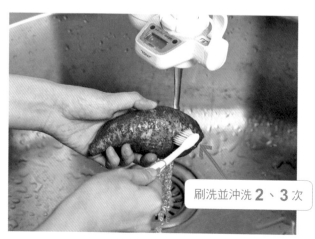

刷洗並沖洗 **2**、**3**次

白蘿蔔

【別名】菜頭、大根。

【品種】依外觀及體型分為頭部為青色的、水分較少的「青首」，外型圓胖、肉質細緻的「梅花」，長相像瓶子的「矸子」，「白娘」的特色則是外表薄、口感細緻多汁。

【產地】全台皆有生產，以雲林、嘉義、南投、台南為主要產區。

【產期】11月到隔年2月為盛產期。

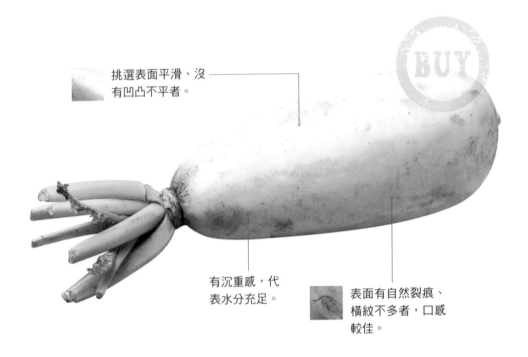

挑選表面平滑、沒有凹凸不平者。

有沉重感，代表水分充足。

表面有自然裂痕、橫紋不多者，口感較佳。

挑選

選擇冬天的白蘿蔔

冬天是蘿蔔大量生產的季節，價格便宜、又好吃，建議當季盛產時再買來食用，所以我不會購買夏天的蘿蔔。

安心保存

步驟1 白蘿蔔買回後先將綠色的頭切除,這樣能避免老化,接著在切口抹鹽以保持鮮嫩。

切口抹鹽

步驟2 以紙巾包住外圍,切面朝上放冰箱保存,食用前再將切口抹鹽處切除即可。

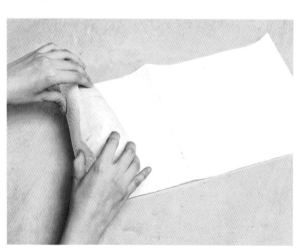

切面朝上

TIPS 用來包白蘿蔔的紙巾可重複使用、不要浪費。

無毒清洗

在水龍頭下以軟毛刷刷洗，接著再沖2、3次，然後用刨刀將白蘿蔔的外皮去除乾淨，最後再用水清洗1次。

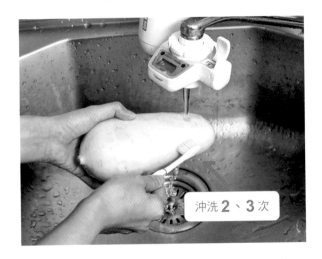

沖洗 **2**、**3** 次

TIPS 白蘿蔔皮可做料理，先將皮燙過切碎，以花椒、辣椒及醬油炒一下，即成了一道開胃小菜。

安心料理法

先用水煮過

因白蘿蔔過去檢驗時的硝酸鹽含量較高，料理前先用水煮過1次，可讓硝酸鹽流失掉，之後再跟排骨一起煮湯，才可兼顧美味與健康。

Vegetables

南瓜

【別名】 金瓜、番瓜、紅南瓜、冬南瓜。

【品種】 常見的有體型較小、肉質較緊密的日本南瓜
（又稱西洋南瓜），外型扁平、外皮呈褐色、
肉質較厚的「菊花南瓜」，以及外型像木瓜、
肉質鬆軟的「中國南瓜」。

【產地】 全省各地皆有。

【產期】 全年皆有，但以3月至10月為盛產期。

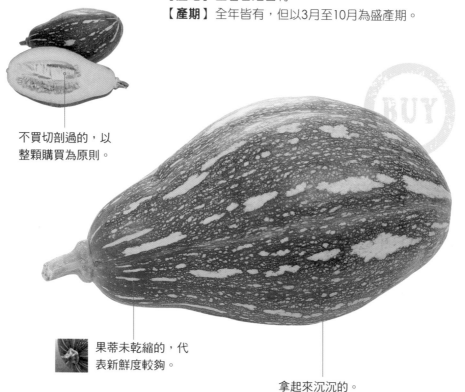

不買切剖過的，以
整顆購買為原則。

果蒂未乾縮的，代
表新鮮度較夠。

拿起來沉沉的。

挑選

美味的栗子南瓜

南瓜（木瓜型的）我都是以紅燒為主，但栗子
南瓜的外皮較硬，未烹調前較不易切塊，我會
整顆蒸熟，再用湯匙壓成泥狀，之後再加水煮
成南瓜湯，非常清甜鮮美。

無毒清洗

步驟1

南瓜放在水龍頭下，以軟毛刷刷洗乾淨。

步驟2

刷洗之後再用水沖2、3次。

沖洗 **2**、**3**次

南瓜籽挖出後不要丟棄，籽的部分非常營養美味，我通常用水煮熟後，再加點鹽巴調味，就可食用。

安心保存

方法1 南瓜一整顆買回來後先清洗，接著把南瓜切塊，放入保鮮盒中，最後放進冰箱冷凍。

TIPS
這個保存方式可減少職業婦女的烹調時間。

方法2 南瓜清洗後先蒸煮，煮熟後用勺子或冰淇淋勺壓成一球球放在保鮮盒裡，接著放進冰箱冷凍保存。

TIPS
要用時可隨時拿一球，非常方便。

玉米

【別名】玉蜀黍、番麥。

【品種】常見的有糯米玉米、黃（甜）玉米以及白玉米。糯米玉米蛋白質含量高，澱粉少，比較好消化，因此適合腸胃道不好的人。甜玉米糖分較高，建議糖尿病患選擇傳統白玉米。

【產地】全台皆有生產，以台南、嘉義一帶最多。

【產期】全年皆有，盛產期為10月到隔年 5 月。

玉米鬚帶光澤的淡黃色。

米粒排列整齊。

按壓起來要緊實。

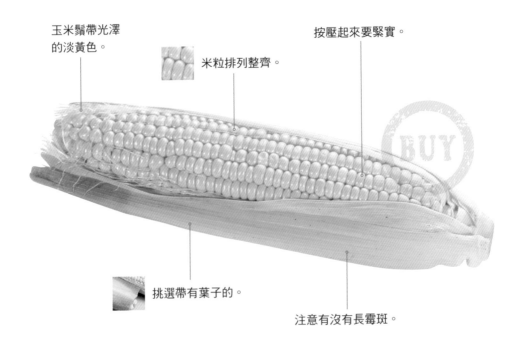

挑選帶有葉子的。

注意有沒有長霉斑。

挑選

玉米筍是清甜好食

除了玉米，玉米筍也是我們家中常見的蔬菜，其口感清甜，稍微煮過後沾點胡麻醬食用，非常美味。

安心保存

玉米買回後,先將外葉剝除到剩2〜3片,將著將玉米以紙巾包覆,裝入塑膠袋中,然後放進冰箱的蔬果冷藏室中保存。

TIPS

可避免發霉及黃麴毒素等問題。

玉米＋豆類,營養加倍!

世界衛生組織建議,3份玉米搭配1份豆類,可互補營養素的不足,也具有最佳抗癌效果。所以料理時除了單純使用玉米,建議搭配豆類,例如毛豆也是不錯的選擇!

3 份玉米   1 份豆類

無毒清洗

同樣可照著「省時&省水的蔬菜清洗法」，與其他菜一起清洗，但如果要單獨處理玉米，可採以下方式處理：

步驟1 清洗前先去除玉米的外葉及玉米鬚，以軟毛刷在水龍頭下刷洗玉米2、3次。

刷洗 **2**、**3**次

步驟2 將玉米放入水盆中，將水龍頭關至最小，以細小、流動清水慢慢溢流12分鐘。

細小、流動的水
溢流 **12** 分鐘

TIPS
若會浮起，可加瓷盤壓一下，讓玉米能確實浸泡於水中。

Vegetables

竹 筍

【**別名**】筍子、冬筍、矛竹。
【**品種**】常見的有筍身略彎、筍殼金黃帶褐色、質地細緻的綠竹筍；筍殼有金色絨毛，口感鮮脆的孟宗竹筍；還有筍殼帶土黃色、纖維較粗的麻竹筍等。
【**產地**】主要以南投、嘉義、台南、屏東等地為主。
【**產期**】5月至9月為盛產期。

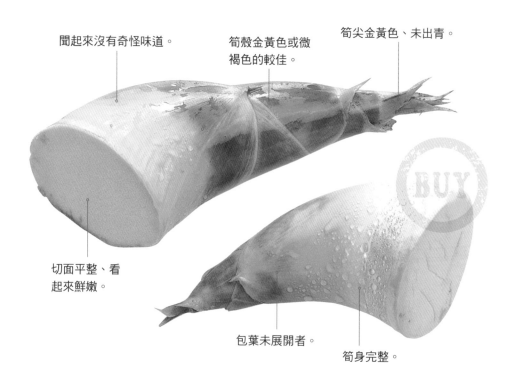

聞起來沒有奇怪味道。

筍殼金黃色或微褐色的較佳。

筍尖金黃色、未出青。

切面平整、看起來鮮嫩。

包葉未展開者。

筍身完整。

挑 選

不特別挑選帶土竹筍

有些人會覺得帶土竹筍比較新鮮，但因為竹筍上的土有可能是刻意塗上去的，並非帶土就一定是新鮮的保證。

安心保存

方法1　沒有要馬上食用的竹筍，建議先以清水及軟毛刷刷洗乾淨，然後把竹筍放入鍋中煮滾並浸泡在滾水中，等到冷卻後，再連同鍋子裡的水放入冰箱冷藏。

煮滾

泡在水中

方法2　沒有要立即食用的竹筍，先不要去殼，在切面處抹鹽保鮮，接著以紙巾包裹，然後放入塑膠袋裡，最後放進冰箱保存。

切面抹鹽 ←

無毒清洗

在水龍頭下，用軟毛刷以根部往筍尖的方向來刷洗，以清除泥垢。洗淨後，接著去除筍殼，然後用清水沖洗2、3次再料理。

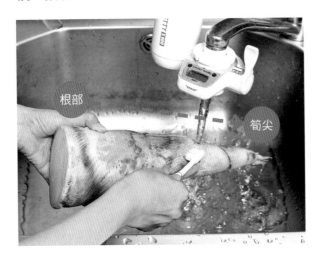

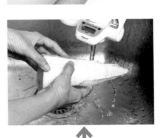

沖洗 **2**、**3** 次

譚老師經驗分享──竹筍煮熟並儘快吃完！

竹筍買回來後要盡快食用完畢，才不會因纖維化而影響口感；此外，因竹筍含天然毒素生氰葡萄糖苷，所以一定要完全煮熟才能吃。

TIPS

拌炒蔬菜是很方便
的料理方式，且可
換成你及家人想吃
的蔬菜，或看看冰
箱裡頭有什麼蔬菜
都可做替換，做這
道菜只要 5 分鐘，
快速又方便！

綜合拌炒蔬菜

材料

油、蒜頭、辣椒、高麗菜、
青江菜、金針菇、水

調味料

鹽

步驟

① 將所有蔬菜洗淨，切成想吃的大小；蒜
頭洗淨、拍碎。

② 將油倒入鍋中。

③ 蒜頭放入鍋中，接著放入所有蔬菜，再
倒入1或1/2碗水。

④ 開火，煮至沸騰後再加鹽。

⑤ 最後撈起青菜、盛盤。

料理 **烤蔬菜**

材料
馬鈴薯、櫛瓜、黃椒、
紅椒、花椰菜、油

調味料
鹽、黑胡椒、羅勒葉

步驟

① 將所有食材洗淨、切塊，放入大碗中。

② 加上少許的鹽、黑胡椒、羅勒葉及少許的油拌勻。

③ 倒入烤盤中，以烤箱溫度120度烤20分鐘即可。

TIPS
馬鈴薯較不易熟，建議可切小塊一點，或是先用水煮過至7～8分熟，再和其他食材一起拌勻，放入烤箱中烤熟。

料理

杏仁芋頭糕

材料
杏仁粉（南杏粉）、
芋頭、地瓜粉、
黑芝麻、水

調味料
黑糖

步驟

① 先將芋頭洗淨、去皮，然後刨絲。

② 在大碗裡放入芋頭絲、杏仁粉、地瓜粉、黑糖及1杯水，將所有材料拌勻。

③ 以小火煮至稍微凝固狀。

④ 芋頭糕凝固後倒入碗中，放入電鍋蒸10分鐘即可。

FRUIT

水果

以水果取代孩子的零食及點心

台灣是水果王國，不但種類多，品質也很優良。選購水果我一定
是以當季盛產的品項為主，草莓等較易使用農藥及難去皮的水
果，比較不會在挑選名單裡。我們家的人都沒有吃零食的習慣，
若孩子回家時還不到開飯時間，我會為他們準備水果。很多人喜
歡把水果打成果汁來喝，我不會這麼做，除了水果本身的纖維無
法完整攝取，營養素也易流失，缺少咀嚼動作也是原因之一。

Fruit
蘋果

【別名】林檎、沙果、海棠、花紅、檳子。

【品種】常見的有果實碩大、爽脆多汁的「富士蘋果」，果色鮮紅、口感清脆的五爪蘋果，清脆、甜中帶酸的梨山青蘋果，以及果型較圓、果色金黃的金冠蘋果。

【產地】台灣本土生產的蘋果，以中橫附近、台中梨山為主。

【產期】台灣本土蘋果以10月到隔年2月左右為盛產期。

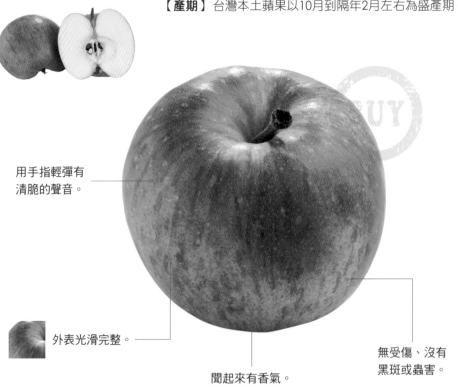

用手指輕彈有清脆的聲音。

外表光滑完整。

聞起來有香氣。

無受傷、沒有黑斑或蟲害。

挑選

特別注意產地

購買來源不同的蘋果以分散風險，且盡量以台灣本土產蘋果，如蜜蘋果為主。

安心保存

| 步驟1 | 進冰箱保存前要保持乾燥，接著用紙巾包好，紙巾可重複使用、不要浪費。 | **TIPS** 勿先用水洗過，才能延長保鮮期。 |

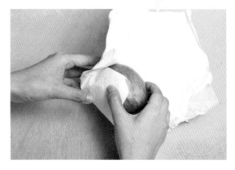

| 步驟2 | 接著用塑膠袋裝好，最後放進蔬果冷藏室保存。 | **TIPS** 這樣做是為了防止蘋果的水分流失。 |

少量購買為原則

一次購買的量不要太多，建議是以「吃多少、買多少」為原則，這樣才能保證吃到最新鮮的水果。

安心清洗

進口蘋果

如果是國外進口的蘋果，因為外皮可能有食用蠟，食用蠟無毒但我會用阿嬤菜瓜布沾熱水刷洗。

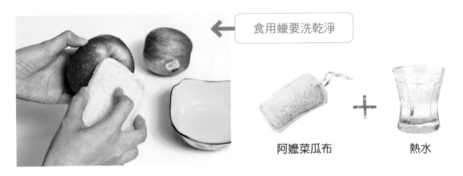

食用蠟要洗乾淨

阿嬤菜瓜布　　　　熱水

本土蘋果

本土產的蘋果要用軟毛刷來刷洗，果蒂凹陷處要特別注意清洗乾淨。

凹陷處

TIPS
蘋果外皮的營養特別高，我會連皮一起吃，所以一定要洗乾淨。

Fruit

葡 萄

【別名】草龍珠、山葫蘆、蒲桃。

【品種】市面上常見的有果粒呈現長橢圓型、色澤深紫色、滋味甜中帶酸的「巨峰葡萄」，體型較為碩大、結實的「紅地球葡萄」，綠色的無籽葡萄較為常見。

【產地】以彰化、南投、苗栗為主。

【產期】四季皆有，但以夏季為盛產期。

顏色均勻、有果粉較佳。

果梗新鮮、沒有乾萎。

整串拿起來不會脫落、不會掉果者為佳。

果實質地摸起來愈硬、愈結實愈好。

挑選

葡萄不是愈大顆愈好

有些人在選購葡萄時會挑大顆的，但除非是特別品種或特級品之外，葡萄太大顆，它的滋味不一定比較好，選購時可多留意。

安心保存

步驟1

買回來後，保留葡萄原本的紙袋，把葡萄放進紙袋，袋口要記得留一小縫。

步驟2

然後將葡萄放入冰箱蔬果冷藏室保存。

TIPS 放在冰箱保存，也以 3～5 天為限。

不可密閉保存

葡萄切勿放在塑膠袋裡又打結，否則容易因密閉、不通風而長霉。

安心清洗

葡萄一定要連皮、連籽吃，才能得到最充足的營養，因此我們家吃葡萄一定是整顆吃，且不吐葡萄皮及葡萄籽。為了可以整顆入口，有些人會用牙膏清洗葡萄，這是吃力不討好的作法，通常我會用以下方式來洗葡萄：

步驟1

葡萄一顆顆剪下來平鋪在水盆裡，蓋上紗布或乾淨的布。此外，白色果粉沒有毒，無需用太白粉、麵粉清洗。

平鋪水盆裡 ➡

TIPS　葡萄洗之前建議先用剪刀剪除根莖，不要用拔的，這樣很容易造成損傷。

步驟2　將紗布蓋在葡萄上輕輕滑動，就可以洗得很乾淨，最後將葡萄放在網篩裡，用清水沖洗2、3次即可。

輕輕滑動

沖洗 **2**、**3** 次

香蕉

【別名】蕉子、蕉果、甘蕉、斤蕉、芎蕉。

【品種】常見的為果肉淡黃色的「北蕉」，以及果型短小、略帶酸味的「芭蕉」；果型小、果皮薄、果肉鬆軟香Q的皇后蕉等。

【產地】以中南部為主，旗山、中寮、屏東、南投、集集等地為尤盛產。

【產期】全年皆有，以4月至8月為盛產期。

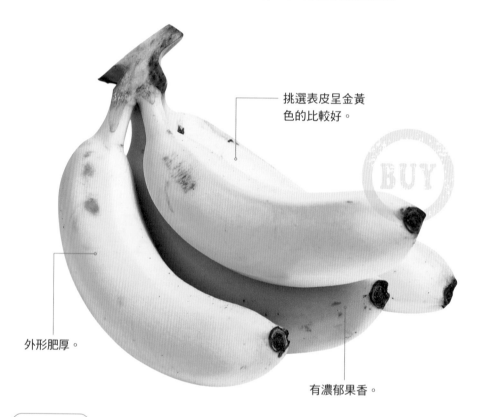

挑選表皮呈金黃色的比較好。

外形肥厚。

有濃郁果香。

挑選

挑選果肉是好的

網路流傳香蕉會有炭疽病，其實香蕉炭疽病跟炭疽病毒不同，炭疽病是侵害香蕉，對人無害，外皮出現黑斑沒關係，只要果肉是好的就不用擔心。

安心保存

少量購買為原則

香蕉最適合的溫度是13度C，太冷也不行，放在冰箱裡會變黑，最好是放在室溫通風處保存。我個人比較偏好硬一點的香蕉，因此都是購回後，趁香蕉皮還是黃的、還沒變軟時就食用。香蕉買來後可切成一根根平放在盤子裡，放在通風處可保存較久。

TIPS

香蕉較易腐爛，建議少量購買，有人說香蕉愈熟（黑斑多），營養更高，但我不喜歡吃太軟、太甜的香蕉，所以不會特別選有黑斑的，也不覺得營養比較高。

無毒清洗

香蕉皮要清洗

很多人以為香蕉需要剝皮，因此吃之前就不用清洗，其實這是錯誤的觀念。由於水果表皮可能有防霉抗氧化劑或有農藥殘留，更擔心落塵，拿的時候容易沾到手，進而不小心吃進嘴巴裡。

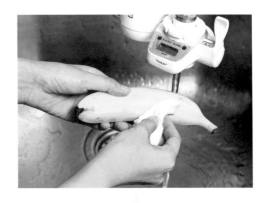

TIPS

食用前可以用紙巾或抹布，在水龍頭下邊擦、邊沖洗。

Fruit

梨子

【別名】快果、果宗、蜜文、玉乳。
【品種】以「橫山梨」為代表的熱帶梨、以「新世紀梨」、「新興梨」為主的溫帶梨,以及用橫山梨母樹嫁接溫帶梨的高接梨等三大類。
【產地】橫山梨以新埔、東勢、卓蘭等地為主,溫帶梨的產地則為台東、埔里、新埔、東勢、卓蘭,高接梨則以台中、苗栗、新竹、嘉義、宜蘭等地為多。
【產期】橫山梨為8至9月、溫帶梨8月至隔年1月都有,高接梨為5至8月。

果蒂沒有枯萎。

外形均勻完整、無蟲害。

表皮光滑、帶黃褐色。

果實飽滿,感覺水分充足為宜。

挑選

挑選本土產的梨子

台灣一年四季幾乎都有梨子盛產,好吃且香脆多汁,喜歡吃梨子的你不必外求,選擇台灣本土產的就好。

安心保存

進冰箱保存前要保持乾燥，勿先用水洗過，才能延長保鮮期，接著用鋁箔紙或紙巾包好。然後把包好的梨子裝進塑膠袋裡，接著放進冰箱的蔬果冷藏室保存。

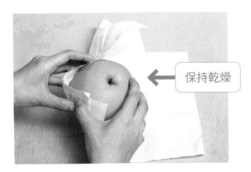

保持乾燥

TIPS 梨子以上述方式保存，可以防止水分流失。

無毒清洗

用阿嬤菜瓜布沾水刷洗，尤其是梨子的果蒂凹陷處，要特別清洗乾淨。

凹陷處

阿嬤菜瓜布

TIPS
梨子大多數的纖維都在果皮上，連皮一起食用才能攝取到完整的纖維。

Fruit

奇異果

【**別名**】獼猴桃。
【**品種**】常見的為口感較酸的綠色奇異果,以及甜度較高的黃金奇異果。
【**產地**】國內奇異果多為紐西蘭進口。
【**產期**】3月至6月為主要盛產期。

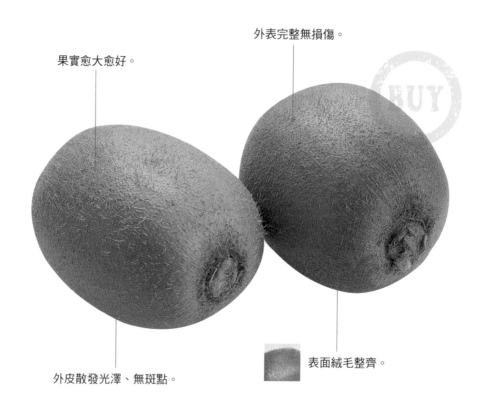

果實愈大愈好。

外表完整無損傷。

外皮散發光澤、無斑點。

表面絨毛整齊。

挑選

軟硬適中是關鍵

果實用手摸起來的觸感稍具彈性、軟硬適中,如果想要買回家就立即食用,建議可以挑選握起來稍軟的果實。

安心保存

奇異果先以紙巾包好，接著放進塑膠袋裡，最後再放入冰箱的蔬果冷藏室
保存。

安心清洗

有人習慣將奇異果連皮吃，但我是去皮食用，主要是擔心對奇異果外皮上
的纖毛過敏。首先將奇異果的頭、尾切除，再用刨刀把皮削掉，最後用冷
開水沖洗乾淨。

去除頭尾

Fruit

鳳梨

【別名】菠蘿、旺梨、黃梨、旺來。

【品種】鳳梨的品種愈來愈多，甜度也愈來愈高，目前市面上以果肉較黃、質地細緻、纖維適中的「金鑽鳳梨」最為常見；另有果肉較白、質地鬆軟的「牛奶鳳梨」，以及果肉淺黃、幾無纖維、多汁的「蘋果鳳梨」。

【產地】以嘉義、台南、高雄、屏東一帶為主要產地。

【產期】一年四季皆有，以4月至8月為盛產期。

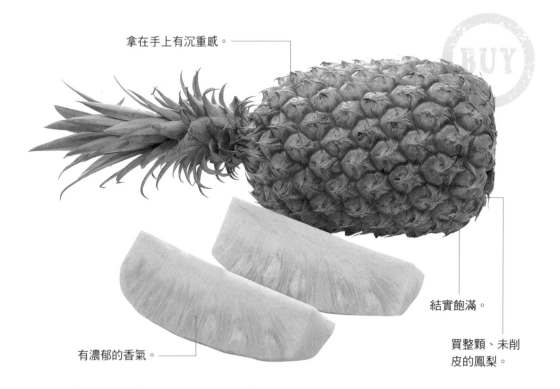

拿在手上有沉重感。

結實飽滿。

買整顆、未削皮的鳳梨。

有濃郁的香氣。

挑選

很熟的店家才請他幫忙削皮

一般我都是購買整顆鳳梨回家再切，除非是非常熟識的店家，確認衛生沒問題，才會請老闆幫忙清洗、削皮。

安心保存

買回後若未削皮，可放在陰涼通風處保存。鳳梨一切開，除了當成當天的水果，我也會把鳳梨芯拿來滷肉，可加速肉質軟嫩。水果切開後，盡量不放隔夜。若要鳳梨甜度均勻，可以將鳳梨倒放。

陰涼通風處

滷肉用　　　　　　水果

TIPS

· 滷肉時加入1～2個鳳梨芯，能讓肉質更柔軟，增加鮮甜滋味，且能減少糖的用量。
· 是買現成切好的鳳梨，回家後可先用開水沖一下再用保鮮盒裝，較不會壞！鳳梨用開水沖過，也不會咬舌頭。

安心清洗

鳳梨買回來後我會先在水龍頭下沖洗，外皮較乾淨後，再削皮。

TIPS 鳳梨表皮凹凸不平，容易髒汙納垢，所以削皮前要先清洗。

Fruit
火龍果

【別名】紅龍果、芝麻果、仙人掌果、聖果。
【品種】分為滋味清甜的白肉種,以及甜度較高的「紅肉種」。
【產地】以新竹、雲林、嘉義為主。
【產期】6月至10月為產季,但以8月至9月最盛產。

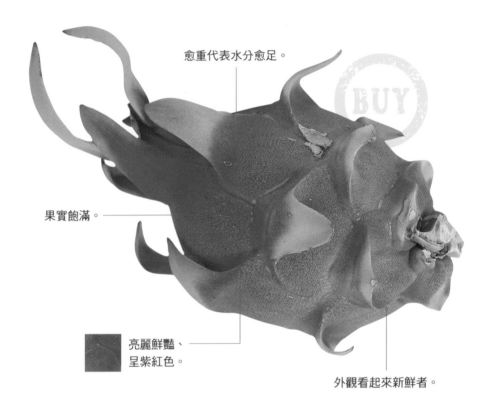

愈重代表水分愈足。

果實飽滿。

亮麗鮮豔、呈紫紅色。

外觀看起來新鮮者。

挑選

紅肉品種

火龍果可分成白肉及紅肉品種,紅肉品種的果實較小,甜度也較高,但在切時要注意不要被汁液噴到衣服,不然會很難洗乾淨。

安心保存

火龍果先不要洗、用紙巾包好，接著放進塑膠袋裡，但不要封口，最後把火龍果放進冰箱蔬果冷藏室保存。

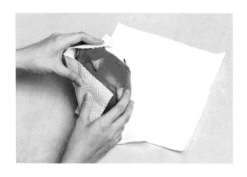

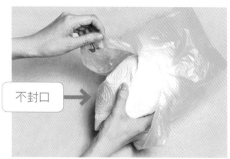

不封口 →

安心清洗

先用軟毛刷在水龍頭下刷洗2、3次，先簡單切塊，切塊後會比較容易去皮，最後才把火龍果的皮去掉。

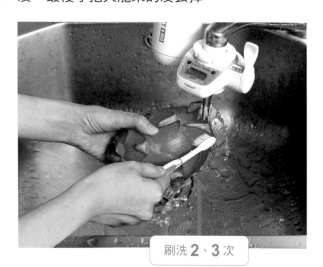

刷洗 **2、3**次

Fruit

檸檬

【別名】黎檬子、宜母子、藥果、檬子、檬果。
【品種】常見的有果皮較粗厚的「本土綠檸檬」，果皮
　　　　細緻、果型較小的「無籽檸檬」，以及果香濃
　　　　郁的「香水檸檬」等品種。
【產地】以屏東最多，高雄、彰化、南投等地也有。
【產期】全年皆有，以7月至隔年1月為盛產期。

外形會依品種
而有不同。

外表要乾淨、飽滿。

表皮細緻
有光澤。

果皮微黃、緊實。

挑選

用手壓一下

挑選時可用手稍微按壓一下，若手感硬實且份量足
夠，代表品質較好。

安心保存

先在塑膠袋內緣塞入紙巾，這樣做能避免檸檬水分流失，塑膠袋口稍微束一下即可，不用封緊，然後整袋放進冰箱的蔬果冷藏室保存。

塞入餐巾紙

不封緊

TIPS 整顆檸檬若以此方式保存，可保存約 1 個月，但建議趁新鮮食用，勿存放太久。

安心清洗

用軟毛刷在水龍頭下把檸檬刷洗乾淨就可以了。

TIPS 檸檬等柑橘類切片或榨汁前，一定要先清洗，否則可能把農藥吃下肚。

Fruit

芭樂

【別名】番石榴、拔仔、藍拔、雞矢果。

【品種】目前市面上常見的甜度適中、無澀味、口感爽脆的「珍珠芭樂」及「紅心珍珠芭樂」，體型碩大、表皮較不平整、口感脆甜的「帝王芭樂」等。

【產地】全省皆有栽培，以南投、彰化、嘉義、台南、高雄、屏東、宜蘭為主。

【產期】全年皆有，8月至12月為盛產期。

硬度適中。

外形完整。

表皮光滑。

顏色淡且均勻。

挑選

以拳頭大小為主

挑芭樂時我會選擇較不甜的品種，因現在水果甜度太高，吃太多對身體是負擔；且不偏愛大顆芭樂，多以拳頭大小為主，當作飯後水果剛剛好。

安心保存

步驟1 購回後先去除芭樂的塑膠套或保麗龍套,然後以紙巾將芭樂外表擦乾。

步驟2 接著再用乾淨的紙巾把芭樂包裹好,然後放進塑膠袋中,再置入冰箱的蔬果冷藏室中保存。

一般來說,芭樂的保存期約3~7天,若發現已經開始變軟,就必須趕快食用,才不會壞掉。

安心清洗

步驟1

在水龍頭下，以軟毛刷邊刷、邊沖洗。

步驟2

肚臍的地方要更仔細清洗。

TIPS
芭樂都是連皮吃，且表面凹凸不平，
清洗時不能馬虎。

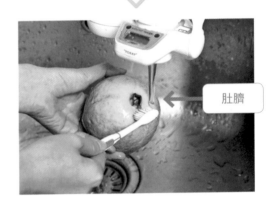

肚臍

 譚老師經驗分享──多吃芭樂解毒！

若想排出身體中不小心吃下的亞硝胺毒物，我建議
可以多吃富含維生素 C 的食物，像是芭樂、柑橘
等水果。

Fruit
楊桃

【別名】星星果、五斂子。
【品種】一般分酸味種及甜味種兩大類，酸味種果體小、酸度高，不宜生吃，以加工為主；甜味種則是用來鮮食。
【產地】多集中在中、南部平地，以彰化、苗栗、台南等地栽種最多。
【產期】全年皆有生產，以10～11月最好吃。

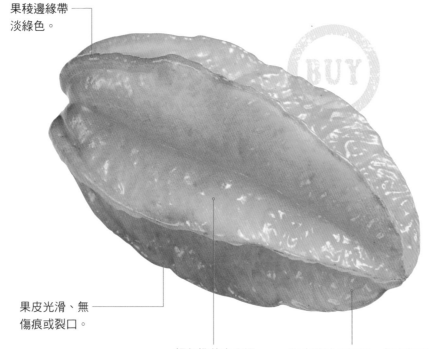

果稜邊緣帶淡綠色。

果皮光滑、無傷痕或裂口。

顏色橙黃富光澤。

發出淡淡香氣時，代表熟度已經足夠，口感酸甜適中。

挑選

挑略硬、手感沉

摸起來要帶有硬度，若感覺很軟，表示品質不佳；手感越沉的楊桃，汁越多，越好吃。

安心保存

楊桃也是屬於不耐撞的水果，建議先用紙張包裹，再放在陰涼通風處保存。

安心清洗

在水龍頭下，一邊用牙刷來刷洗果皮，一邊沖水清洗。

腎病患者不宜吃

高鉀水果是腎病患者需要避開的水果（如右表），雖然楊桃鉀離子含量不高，但有些成分會讓腎衰竭患者產生神經毒素，引發打嗝、嘔吐等症狀，腎功能不佳的人應避免食用楊桃。

◎腎病患者不宜吃的水果：
高鉀水果（每100克含鉀量＞200毫克）

楊桃	100
火龍果	紅肉219、白肉226
櫻桃	236
奇異果	黃金色252、綠色291
哈蜜瓜	270
龍眼	282
美濃瓜	338
香蕉	368
釋迦	390

Fruit

芒果

【別名】檨仔、檬果、夭桃。

【品種】本地種俗稱為「土芒果」，外來種常見的有愛文、凱特、金煌等。

【產地】主要集中在中部以南，包括台南、高雄、屏東等地。

【產期】每年4～10月為產期，其中5～8月為盛產期。

果肩肥大的芒果，果肉較為厚實。

接近果蒂處按起來具硬實感。

果面清潔略帶果粉。

果色鮮豔亮麗，果皮呈現橙黃或黃紅色表示熟度夠。

挑選

黑斑不影響人體或健康

芒果外皮上的黑斑為病菌感染，稱為炭疽病，並不會感染人體或影響健康，可安心食用。

安心保存

芒果很怕碰撞，保存時可以用紙
包裹好，如果還沒有很熟，先放
在室內陰涼處，等到果實蒂頭周
圍軟化、熟成後再擺進冰箱。若
外皮出現黏黏的果膠，表示果肉
已經熟透，應盡快食用。

TIPS
若還沒熟，可先放置室內陰涼處，
熟後再放進冰箱。

安心清洗

芒果是漆樹科，表皮在採摘時易沾上汁液，含有「漆酚」，是造成過敏的
主要因素，也是老一輩人認為芒果較毒的原因。建議過敏體質者食用芒果
前應徹底清洗，並且適量攝取。

步驟1

在水龍頭下一邊用海綿擦洗芒果
外皮，一邊沖水清洗。

步驟2

過敏者可在清洗後，將芒果浸泡
15分鐘，會更不易過敏。若無過
敏者可省略此步驟。

步驟3

擦乾後，再切開食用。

戴手套防過敏

芒果屬於漆樹科，其果樹與芒果果皮含有
「漆酚」，若是皮膚較敏感的人，碰到可能
會有皮膚紅腫、搔癢的狀況出現。所以建議
皮膚敏感者削芒果時可戴上手套，切完用肥
皂洗手，即可避免過敏。

TIPS
我會在吃完早餐一小時後喝杯黑咖啡，這樣不但整天神清氣爽，也不會阻礙鈣質吸收。

活力早餐

材料
無糖優格2湯匙
黑芝麻1小匙
無調味核桃4顆
當季水果適量
白煮蛋1顆
黑咖啡1杯

步驟

① 將整粒的黑芝麻用湯匙壓碎，拌入無糖優格中。

② 再與核桃、水果、白煮蛋搭配食用，就是一頓營養豐富的早餐。

SEAFOOD & MEAT
海鮮&肉品

我們家偏好小型魚及雞胸肉

大型魚是食物鏈的終端,較易有重金屬汙染問題,許多研究證實,小孩子或孕婦吃到大型魚,可能會造成腦部神經問題,若真的想吃,建議每週不要超過 1 次或是 35 ~ 70 公克,即三個手指寬度及厚度。我個人較偏好小型魚,例如秋刀魚、鯖魚、紅目鰱都是不錯選擇。由於飲食及烹調習慣的不同,鴨肉及鵝肉很少吃,多以雞肉為主,不過台灣鴨、鵝很少有瘦肉精殘留的問題且去皮後油脂少,大家可以安心食用。

小型魚

吃魚有益健康，我們家中餐桌幾乎每天都有魚，在此我要教大家怎麼挑魚、洗魚，原則很簡單、不複雜。

安心挑選

挑選小型魚的判斷依據

 A

跟家中餐盤差不多大

以家中餐盤大小為依據，整條魚可完整放進去。例如：秋刀魚、鯖魚、鯧魚、肉魚。

 B

跟手掌差不多大的魚

還有一個更簡單的方法，就是以自己手掌大小作為選購依據，去市場買魚時很方便，比一下就好。

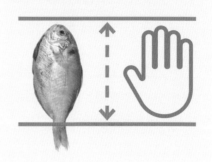

用手壓一壓魚肚

可用手壓一下魚肚，若擠出髒
髒、臭臭的汙水，表示內臟已腐
壞、不新鮮了。

壓魚肚

聞魚鰓

建議買魚時，要先檢查魚鰓、聞
一下，如果有酸味或藥水味，表
示有泡過藥水，要避免選購。

聞魚鰓

購買急速冷凍、真空包裝
的魚

除了市場新鮮的魚貨之外，超市
所販售急速冷凍、真空包裝的
魚，因製程關係比較安全、衛
生，也是我的選購來源之一。

TIPS 我較少自己去除魚內臟，多是請店家幫忙，或是購買已經把內臟去除乾淨、真空包裝
的鮮魚。

安心清洗

第一步要先刮除魚鱗，接著去除內臟、血線，剪掉魚鰭，最後用水清洗乾淨即可。

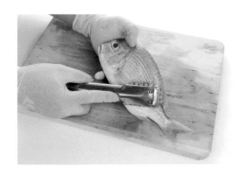 

TIPS 魚頭、魚內臟的重金屬、藥物殘留最多，能不吃就盡量不要吃。

 譚老師經驗分享——少吃大型魚、珊瑚礁魚及罐頭魚

油魚、鮪魚、旗魚、鯊魚等大型魚，雖然油脂含量較多，除了易殘留重金屬甲基汞之外，最近也發現易有海洋懸浮微粒等物質，都會造成健康上的疑慮，因此我建議每週不超過 35 ～ 70 公克，孕婦、孩童不要吃。

此外，罐頭魚是高油、高鈉、高糖的食品，我也不會買來吃。喜歡吃魚的人，建議還是選擇新鮮、小型的魚類為主。

盡量不吃珊瑚礁魚種，包括碟魚、粗皮鯛、金鱗魚、雀鯛、海鰻、鸚哥等，目的是漁業永續保護生態，而且珊瑚礁魚類容易吃到有毒藻類，造成間接中毒的案例時有所聞。

安心保存

買回來的魚若擔心藥物殘留，不要立刻烹調，建議先冷凍個3～5天後再烹調。若是在傳統市場買魚，建議洗淨後抽真空（可請魚販代為處理）；若購買時已是真空包，購買後直接冰至冷凍庫即可。

冷凍

TIPS 買回後先冷凍 3 ～ 5 天的動作，有助於分解魚身上所殘留的藥物。

解凍退冰

真空退冰法

真空包裝的魚以直接泡在水盆中退冰的方式處理。

直接泡水 ➡

冷藏退冰法

步驟1

在烹調的前一天,將魚從冷凍庫拿出來。

步驟2

直接放入冷藏室退冰。

退冰不必讓魚身全部變軟,保持還有一點硬硬的程度,擦乾後就可以放盤子準備料理。

Seafood

蝦

蝦子是美味又容易烹調的食材，每當家裡缺一道菜，或臨時有客人來時，只要從冷凍庫拿出來解凍，輕鬆料理一下就是色、香、味俱全的菜餚。

 蝦頭容易腐壞，若蝦頭跟蝦身沒有緊黏，表示不新鮮。

外殼沒有冷凍的白霜，呈現透明，表示未經冷凍保存；蝦殼不要太黑，若太黑，可能已經存放過久。

聞起來沒有奇怪氣味或腥臭味，表示蝦子較新鮮。

 若有一定彎度，代表已經存放過久了。

挑選

留意盒上的標示

如果購買的是盒裝的冷凍蝦，則必須留意標示的產地及是否有添加劑。

無毒清洗

若是從冷凍庫取出，先流水解凍約2分鐘，接著用剪刀剪去蝦子鬚腳，用牙籤（或竹籤）挑出腸泥。

TIPS 不要前一天拿下來解凍或放冷藏室解凍，避免蝦肉腐敗、長菌。

譚老師經驗分享──不購買活跳跳或已剝好的蝦子

有些人喜歡挑選活的海鮮，如活跳跳的蝦，但我個人擔心是因添加了藥物，使其活蹦亂跳，且沒有停藥期；此外，已剝好殼的蝦仁可能添加磷酸鹽及二氧化硫等防腐劑，除了讓蝦子體質變大、不易腐壞，也會增加口感。磷酸鹽過量會阻礙鈣質吸收，若蝦仁烹調後體積變小，就要當心是否有添加磷酸鹽。建議還是買完整、未剝殼的蝦，自己剝蝦仁比較好。

◎何謂停藥期？

動物用藥品的停藥期與畜禽水產品品質衛生相關，為期養畜殖業者確實遵守停藥期，以維護畜禽水產品衛生，爰明定停藥期之定義為藥品於最後一次使用後，使用之動物及其產品不得上市供人食用所需之期間；而其採用之原則應按實足日數計算，如2種以上之動物用藥品合併投予動物時，其停藥期則以其中最長者為準。（資料來源／行政院農業委員會）

安心保存

若蝦子買回的量較多，無法一次料理完，可以每餐食用的量分裝，放入保鮮袋冷凍保存。

分裝冷凍 ➡

安心料理法

去除蝦頭後再烹調

蝦頭較易腐壞，保存較久的蝦子，建議去除蝦頭後再烹調。

TIPS

蝦頭雖然美味多汁，但最好少吃，一方面是重金屬藥物容易累積在頭部，另外也擔心膽固醇太高，所以囉，如果你屬於膽固醇偏高的人，蝦頭盡量忌口不要吃。存放太久的蝦子，建議也是去掉蝦頭之後再烹調，會比較安心。

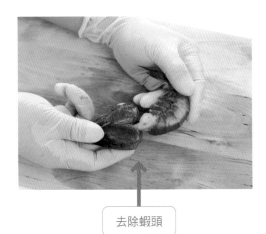

去除蝦頭

Meat

豬肉

四隻腳的畜肉裡，我們家比較常吃的是豬肉，不過多以不帶脂肪的瘦肉為主，並且不吃易殘留毒素的豬內臟。

安心挑選

TIPS 很多人擔心萊克多巴胺，認清這三個標章就是台灣豬。

有雙認證的肉品

有經過認證的肉品，屠宰證明、台灣優良農產品CAS或有生產履歷標章等，較令人放心。

 生產履歷標章　 CAS標章

少購買現成絞肉

因店家可能摻有碎肉去絞；若需要時，我會挑選整塊瘦肉，請店家洗淨後再絞，會特別提醒不要加肥肉、碎肉進去。

購買原始肉塊的肉品

選購肉品時，完整原始的肉塊是
我的優先選擇，會盡量避開組合
肉品。

原始、完整肉塊

安心保存

肉買回來後不要先清洗，以免保
存時容易腐敗，依每餐食用量分
裝好，平鋪在保鮮盒裡，再放入
冰箱冷凍。

平鋪在保鮮盒

什麼是組合肉？

組合肉又稱重組肉（目前依規定必須標示），通常是用碎肉渣
以蛋白黏合，常做成肉乾、肉丸、漢堡肉、雞塊、香腸或假冒
牛排（豬排）等肉類食物。碎肉渣接觸空氣的表面較大，容易
遭微生物汙染。組合肉現在都有標示，組合肉務必煮全熟。

解凍退冰

從冰箱冷凍室將裝肉的保鮮盒拿出來後，將盒子反過來用流水沖一下或浸泡一下，就可以準備烹調。

無毒清洗

里肌肉烹調前要先用水沖洗，然後用紙巾壓乾，無需汆燙；有些肉燙過後腥味會較小，如豬腳、排骨。汆燙肉的方法是先在鍋中裝冷水，將肉放入浸泡2～3分鐘後，將水倒掉，再重新加水，放爐上煮沸，撈起清洗。

里肌肉

排骨

安心料理法

去除肥肉的部位

下鍋烹調前，我會先剪掉或切掉帶有肥肉的部位。

TIPS 可去除多餘的油脂。

善用辛香料

肉品烹調時可以加入蔥、薑、辣椒、洋蔥等辛香料，不僅能增加風味，還有助於減少氧化膽固醇的產生，健康又美味。

豬肉 ＋ 辛香料

洋蔥　　青蔥　　辣椒

避免大骨熬湯

很多人喜歡用大骨來熬湯，覺得這樣很營養，但骨頭加熱太久容易溶出重金屬，因此我不建議這樣烹調。

Meat

牛肉

不熟的紅肉可能會增加罹患大腸癌風險，我們家吃牛肉一定要全熟。我都是以本土牛肉為優先，紐、澳牛肉次之，若牛肉裡含有瘦肉精，是不可能出現在我家餐桌的。

安心挑選

選擇本土產的肉品

選擇本土產或紐澳牛肉，有優良農產品CAS及生產履歷標章的為優先考量。購買時要注意標示是否清楚及有無含瘦肉精等。傳統市場販售的肉若沒良好保存，可能有食安疑慮，所以我通常會至超市選購肉品。

 生產履歷標章

 CAS 標章

建議喜歡買溫體肉的人，最好早上八、九點前就到市場買，買完後趕快回家保存，才能避免滋生微生物及細菌。

安心保存

食用前再清洗

肉買回來後不要先清洗，以免保
存時滋生微生物。

不要清洗 ➡

放入保鮮盒分裝冷凍

依每餐食用量分裝好，平鋪在保
鮮盒裡，再放入冰箱冷凍。

TIPS 因為牛肉油脂較多，不建議裝
入塑膠材質的密封袋中保存。

解凍退冰

從冰箱將裝肉的保鮮盒拿出來，
將盒子反過來用流水沖一下或浸
泡一下，就可準備烹調。

無毒清洗

烹調前先用水沖洗，再用冷水汆燙1次，之後再下鍋烹調。

TIPS
先用冷水汆燙的方式，可減少後續的烹調時間及去除油脂血水。

無毒清洗

牛肉最好煮熟再吃

很多人喜歡吃半生熟的牛肉，但可能會有細菌的問題，因此我不建議。

TIPS 肉要熟，但不要煎或煮至焦黑，以免產生過多有害物質。

先醃再煮

牛肉用洋蔥、紅酒及胡椒等醃過後再煮，可以降低有毒物質。

 →

洋蔥　　紅酒

胡椒　　牛肉

Meat

雞肉

我一向秉持「多禽少畜」的原則，二隻腳的雞、鴨、鵝比四隻腳的豬、牛、羊相對安全。有些人擔心禽肉常有禽流感的問題，其實只要煮熟後食用，就沒有安全上的疑慮。

雞肉在選購時可留意雞冠的顏色是否呈現淡紅色，軟體的顏色淨白。

以油脂較少的雞胸肉、雞里肌為宜。

選購有台灣優良農產品CAS及生產履歷標章，及屠宰證明的產品較佳。

安心保存

肉買回來後不要先清洗，以免保存時滋生微生物，依每餐食用量分裝好，平鋪在保鮮盒裡，再放入冰箱冷凍。

TIPS 若是禽流感高峰期，購買傳統市場的雞肉回家後，建議先燙過再分裝保存。

解凍退冰

從冰箱冷凍室將裝肉的保鮮盒拿出來後，將盒子反過來，用流水沖一下或浸泡一下，就可以準備烹調了。

安心料理法

汆燙再烹調

買回來的肉直接丟熱水燙過再洗，之後再下鍋烹調。

汆燙

TIPS
先用熱水汆燙的方式可減少後續的烹調時間也可以殺死沙門氏菌，如烤雞里肌，先燙過再進烤箱，可節省時間。

去皮後再烹調

雞脖子、屁股、雞翅、雞皮油脂含量高，因此我們家都不吃這些部位，雞腿油脂含量也不少，會盡量少吃或去皮、去油後再烹調食用。

去皮再食用

雞翅　　　　　雞腿

TIPS
即便是辛香料，都必須煮熟再食用比較好，所以香菜入菜後會再拌煮，確認熟了再食用。料理番茄時加少許糖和鹽，味道更好。

茄汁鯖魚

材料
鯖魚、洋蔥、番茄、香菜

調味料
鹽、糖

步驟

① 先將鯖魚去骨後，以微波爐稍微加熱，方便取肉、切碎備用。

② 洋蔥、番茄洗淨，切成小丁狀；香菜洗淨、切碎備用。

③ 把洋蔥、番茄丁放入鍋中煮一下，接著放入鯖魚拌煮。

④ 撒上香菜、鹽拌煮，熟了後就可盛盤。

料理 五香豬肉片

材料
蒜苗、松板豬

調味料
五香粉、鹽

步驟

① 豬肉油脂太多的部分切除，放入滾水燙一下，撈起後用五香粉醃一下，備用。

② 將蒜苗洗淨，斜切成適當大小。

③ 蒜苗和醃過的豬肉放入鍋中，開小火。

④ 輕輕的拌炒、加鹽，煮至肉熟後撈起、盛盤。

TIPS

我們家不太吃肥肉，所以烹調前會先切掉肥肉部分；建議在煮之前先用冷水加熱燙一下，這樣可以減少後續料理的時間！因豬肉本身含油脂，不建議再加油。

料理 健康煎煮魚

材料
鯖魚、蔥、薑、蒜、
九層塔、油、水

調味料
鹽

步驟

① 魚洗淨，備用。

② 在鍋裡倒入少量油。

③ 把蔥、薑、蒜、九層塔放入鍋內略炒香。

④ 接著將魚放進鍋中。

⑤ 放入1/2碗水，蓋上鍋蓋，開火煮至水分
燒乾，最後加點鹽調味即可。

料理 辛香雞肉

材料
雞胸肉、蔥、薑、蒜、
九層塔、辣椒、油

調味料
鹽

步驟

① 雞胸肉先燙過,並且切絲。

② 在鍋內加入少許油,將蔥、薑、蒜、九
層塔、辣椒略炒香。

③ 香味出來後,加入雞絲拌炒至入味,最
後加鹽調味即可。

TIPS
在煮之前先用冷
水加熱燙一下肉,
這樣可以減少後
續料理的時間!

TIPS
加點檸檬汁一起醃製，有助降低牛肉的味道。

料理 **紅酒牛肉**

材料
牛排肉、紅酒、洋蔥、檸檬汁

調味料
鹽

步驟

① 先將牛肉用紅酒、洋蔥及檸檬汁醃製，放入冰箱靜置4～6小時。

② 在鍋子內加水煮至稍滾，再放入洋蔥及牛肉。

③ 煮熟後加點鹽調味，即可盛盤上桌。

Chapter 7

RICE & FLOUR
米麵

選購不同廠牌，分散風險

我們家的主食多以白米為主，如同挑選其他食材的方法，選購白

米時，我會注意產地，且會盡量購買不同廠牌，以分散風險；至

於麵類，通常都以自製麵條或麵疙瘩為主，提醒大家，麵粉製品

烹調前要先用水煮過，才能安心吃！

Rice

白米

米是我家餐桌上的重要主食，既然是每天吃的，當然要特別挑選，但要如何從市面上所販售的多種食米之中，挑選出好米呢？

外包裝挑選

選擇國產米

國產米因之前曾爆發過混米事件，所以目前有嚴格檢驗，比較令人安心，所以我們家都是吃國產米。

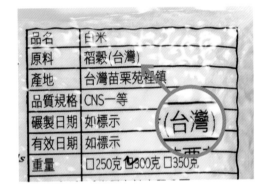

注意產地及日期

多留意產品外包裝的資訊，如：選擇碾製廠跟生產地一樣的，品質較有保障。此外，除了生產製造、有效日期，最好也有碾製日期標示。

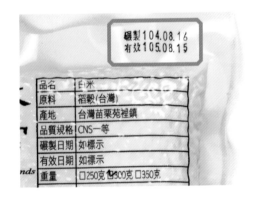

購買小包裝及真空包裝

真空包裝可以防止潮濕、發霉，小包裝可以早點吃完，避免存放時間太久而變質。

米粒挑選

米粒完整、大小均一

米粒的外觀是判斷原則之一，如果外觀是白白碎碎的，或拆封後用手摸會沾滿白粉，表示含粉量太高，也可能品質較差或已經開始氧化、變質了。

TIPS 米粒用手捏，若一捏就碎，就代表氧化了，這樣的米也不好。

米粒上不可有黑點

若發現米粒上有黑點或洗米時發現有米蟲，代表廠商品管可能不夠嚴格，下次就不會再購買了。

 不可有黑點 ➜

安心保存

步驟1

白米購買拆封後倒入大的保鮮盒
或保鮮罐裡。

保鮮盒

步驟2

把米放入冰箱（12℃以下即可）
保存。

譚老師經驗分享——少量購買、吃最新鮮食材

台灣氣候屬於溫暖潮濕型，適合黴菌昆蟲繁
殖，白米若保存不當，很常會看見一種米
蟲，但不只稻米會長米蟲，綠豆、紅豆、乾
麵條等也會，除了放冰箱保存，建議還是以
少量購買為原則，才能吃到最新鮮的食材。

無毒清洗

步驟1

洗米時以順時針方向淘洗，動作要輕。

順時針 →

步驟2

直到洗米的水變清澈為止。

> **TIPS** 若多次清洗，水仍混濁，表示含粉量可能太高，一般正常應是洗 2、3 次就會變清澈。

烹調前不泡米

建議烹調前不要浸泡米，怕在室溫下放太久可能會產生黃麴毒素及細菌。

Flour

米麵粉製品（麵條、湯圓）

我們家通常自己做麵條，像是用麵粉調水後，再下鍋煮成麵疙瘩；若要購買、保存這類加工品，有些小技巧可提供給大家。

挑選原則

購買包裝良好、密封

麵粉對異味及濕氣等比較敏感，避免購買散裝產品，盡量以包裝完整良好且密封的產品為主。

密封

包裝良好

有完整標示及資訊

選購時要留意包裝上有無廠商、聯絡方式等資訊及標示重量、營養成分、有效期限等重要資料。

	每份	每100公克
熱量	88大卡	353大卡
蛋白質	3.0公克	12.2公克
脂肪	0.4公克	1.4公克
飽和脂肪	0.1公克	0.4公克
反式脂肪	0公克	0公克
碳水化合物	18.2公克	73公克
糖	0公克	0公克
鈉	0毫克	1毫克
維生素B1	0.2毫克	1.0毫克
維生素B2	0.1毫克	0.5毫克
鐵	1.4毫克	5.5毫克
菸鹼酸	1.6毫克	6.3毫克
葉酸	37.6微克	150.4微克

選擇知名廠牌

選購麵粉廠製造或者是知名品牌
的產品，產品品質較有保障。

安心保存

購買後，置於冰箱冷藏保存，建
議可放在保鮮盒或是用密封袋裝
起密封；但如果已經拆封，建議
還是盡快吃完。

 譚老師經驗分享──我多選用中筋麵粉

麵粉裡會添加品質改良劑來調整筋性，像是
以磷酸鹽來增加 Q 彈的口感，磷酸鹽過高
會阻礙鈣質的吸收。所以，我會選擇筋性調
整較小的麵粉，以中筋麵粉為主，偶爾才使
用高筋麵粉。現在也有很多無添加的麵粉可
以選擇。

安心料理

步驟1 將一大鍋的水煮滾,將麵條(湯圓等米麵類製品)丟進鍋裡。

水滾

TIPS

麵粉製品是加工品,可能會使用食品添加劑,最好先用滾水煮過,才能溶解出來。有些製麵過程會加鹽,水煮後也可減少鹽分。

步驟2 水再度煮滾後,煮熟撈起。若想煮成湯麵,請勿用燙麵的水直接煮,將燙過麵的水倒掉,另外再煮一鍋水煮湯或烹調用。

倒掉

另起一鍋水

Flour

藜麥

藜麥含膳養纖維、礦物質、蛋白質及必需胺基酸，營養價值非常高。藜麥的種類非常多，其中紅藜更被稱為穀物中的紅寶石。

安心挑選

選台灣本土產，
或向農會洽購

市售的藜麥種類非常多，不僅顏色有所差異，長相也不相同，到底該如何選購呢？基本上各種藜麥我都會嘗試看看，但原則是以「臺灣本土產」為主，若不方便購買，可直接向各地農會洽購。

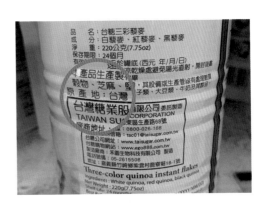

譚老師經驗分享——藜麥對健康有益

臺北醫學大學一項研究指出，每天攝取22公克的紅藜，可以預防大腸癌復發。由於藜麥對健康很有益處，近年來成為飲食界的新寵。

可於各地農會網站或電話洽購→

安心清洗

烹煮前徹底洗淨

藜麥烹煮前須徹底洗淨，方式跟洗米一樣，一直洗至不會冒泡為止。

水煮後食用，更健康

藜麥的殼含有皂素，屬於微毒性的成分，攝取過多會造成肝臟負擔。使用電鍋蒸煮無法完全去除皂素，水煮能大量減少皂素殘留。

步驟1 放入沸水中煮，擠入半顆檸檬汁去除酸澀。

擠入檸檬汁

步驟2　煮10分鐘後用濾網撈起、瀝乾。

撈起

瀝乾

煮 **10** 分鐘

安心保存

通常我會一次煮一週吃的量，將它們放入保鮮盒裡，再置入冰箱冷藏。

吃法多元，煮熟可加入各式食物裡

一般人會把藜麥加進飯裡煮，作法可以不用太侷限，煮熟的藜麥可加進各式食物裡，多樣化的吃法更適合現代人。例如加入涼拌豆腐，甚至義大利麵裡，喝咖啡、牛奶、豆漿、優酪乳或優格，加一勺高纖的藜麥更健康。

藜麥煎餅

一勺煮熟的藜麥、蔥花、雞蛋，跟麵粉調成麵糊，就能煎成好吃的藜麥煎餅，簡單快速又營養。

TIPS
全麥中筋麵粉煮成的麵疙瘩帶有 Q 勁及淡淡的麥香，很好吃，且此道食譜一次就能吃到多種蔬菜料，自製麵疙瘩很容易壞，記得放冷凍保存。

麵疙瘩蔬菜湯

材料
全麥中筋麵粉、白菜、
豆芽、海帶、番茄、蝦子

調味料
鹽

步驟

① 把全麥中筋麵粉加水拌成糊狀或麵糰，再下水煮熟撈起，即成麵疙瘩。

② 另起一鍋水，煮滾後將白菜、豆芽、海帶、番茄清洗後一起放入鍋中，煮成湯底。

③ 在湯中加入蝦子煮熟，接著加入少許的鹽調味。

④ 湯底煮滾後，加入煮熟的麵疙瘩即可。

蔬果海鮮沾麵疙瘩

材料

高筋麵粉、中筋麵粉、
蝦子、玉米筍、茭白筍、
甜椒、小黃瓜

調味料

鹽

醬料

紫蘇梅、麻辣醬汁
（或其他家裡現成的醬料）

步驟

① 將高筋麵粉1份、中筋麵粉2份、適量鹽加入大碗或鋼盆中，加入熱水攪和，即可揉成麵糰。

② 把麵糰捏成喜歡的形狀，變成一個個麵疙瘩，丟入滾中煮熟。

③ 蝦子去泥腸，玉米筍及茭白筍、甜椒、小黃瓜洗淨、切塊一起汆燙至熟成為配料。

④ 最後把麵疙瘩、配料放入碗中，再淋上醬料即可。

SPICE & SEASONINGS

辛香&調味料

善用辛香料，減少調味料用量

辛香料含有硫化物，抗氧化力高，烹調時我很常用到它們，特別

是料理肉品時，只要適度加點蔥、薑、蒜，味道就會很好，還能

藉此減少調味料的使用量，所以，我的廚房裡絕對少不了它們。

Spice

青蔥

【別名】蔥、葉蔥、大蔥。

【品種】目前市面上常見的有蔥白長、葉肉厚、纖維柔
嫩、蔥味香濃的宜蘭蔥，蔥白長達30cm、葉肉
厚而硬的大蔥，以及外型細長的細香蔥等。

【產地】宜蘭、員山、溪湖、溪洲及西螺等地。

【產期】全年皆有生產。

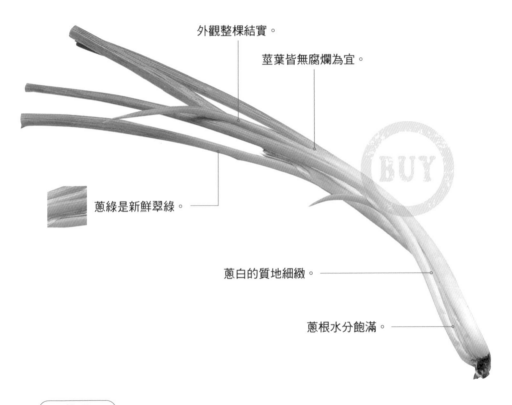

外觀整棵結實。

莖葉皆無腐爛為宜。

蔥綠是新鮮翠綠。

蔥白的質地細緻。

蔥根水分飽滿。

BUY

挑選

少量購買、新鮮為原則

辛香料是廚房裡不可或缺的食材，但建議一次不要
買太多，以少量購買、新鮮為原則，以免產生發芽、
發霉等問題。

無毒清洗

步驟1

先將青蔥的頭、尾切掉。

步驟2

接著用水沖洗2、3次。

沖洗 **2**、**3** 次 ➔

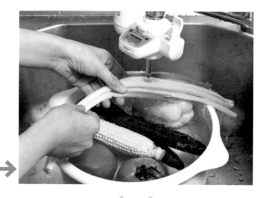

步驟3

然後跟要煮的蔬菜一起放進盆子裡，以細小、流動的水溢流12分鐘清洗。

溢流清洗 **12** 分鐘 ➔

安心保存

步驟1

青蔥洗淨後先切成蔥珠。

步驟2

用手或勺子捏成一球一球。

冰淇淋勺

步驟3

然後放進保鮮盒裡保存。

保鮮盒

TIPS 可以用烘焙紙正反摺然後每一隔層放一次的量，放保鮮盒冷凍。

步驟4

然後冰在冷凍庫，要用時拿一球
出來，非常方便好用。

安心料理法

食用或料理前，最好用湯勺或網
篩裝蔥珠放入滾水中燙一下，盡
量避免生食。

> **TIPS** 在國外曾發生青蔥生吃傳染 A
> 型肝炎事件，所以我們家都不
> 生吃。

蔥含有機硫化物（硫化丙烯）成分，是
特殊氣味的來源，其具有抗氧化功效。

Spice

薑

【別名】 姜、生薑、肉薑。

【品種】 以品種分可分為廣東薑、竹薑等，但如果以生長期又可分為嫩薑、粉薑、老薑、薑母。嫩薑又稱為生薑，是在幼嫩時期就採收，外皮較為乾淨；粉薑是外皮轉為土黃色時採收，此時口感較細緻，又稱為肉薑。老薑則是老化時才採收，此時薑肉已經纖維化，而薑母則是不採收，等到隔年跟生成的子薑一起挖出。

【產地】 宜蘭、新竹、高雄。

【產期】 嫩薑5月至7月、粉薑8月至10月、老薑3月至4月。

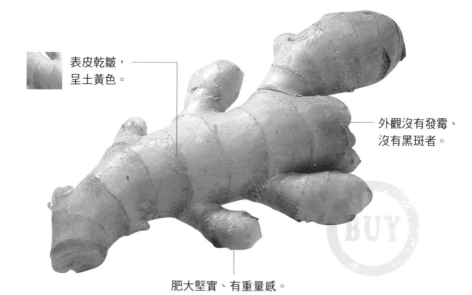

表皮乾皺，呈土黃色。

外觀沒有發霉、沒有黑斑者。

肥大堅實、有重量感。

挑選

薑長芽勿選購

薑長芽雖然沒有毒性，但代表保存情況可能不好、不夠新鮮了，我也不會選購；若薑有腐爛會產生黃樟素，不要使用。

無毒清洗

在水龍頭下,以軟毛刷邊刷、邊
沖洗乾淨。

刷洗乾淨

安心保存

薑洗乾淨之後先切片,接著放入保鮮盒中,最後再置入冰箱冷藏;若是切
絲,可抓成一小撮一小撮,放入保鮮盒中再冷凍;整塊的薑則以鋁箔紙包
起來,再放冰箱保存。老薑水分少,若無切口,可以放置在通風處保存。

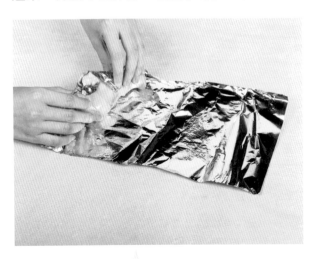

TIPS 鋁箔紙可重複使用、不要浪費。　　　　**TIPS** 也可以用烘焙紙隔層。

Spice

大蒜

【別名】蒜頭、蒜仔、胡蒜。
【品種】市面上常見的有個頭碩大、較為辛味的「大片黑種」，以及個頭嬌小、香氣十足的「和美蒜種」等。
【產地】各地皆有，以雲林、彰化、台南等地為多。
【產期】2月至4月為盛產期。

沒有發芽。

乾燥、無水氣者。

沒有蟲蛀、霉斑。

結實、無乾皺。

挑選

一次購買一週的量

大蒜容易發芽生長，建議購買的量勿太大，一次購買量以一週為原則，吃完了再買新鮮的，室溫保存就好，要烹調前再洗、切。

安心清洗

步驟1

大蒜先在水龍頭下，以水流沖洗
2、3次。

沖洗 **2**、**3** 次 →

步驟2

大蒜先以菜刀稍微輕壓，然後剝
去外皮。

步驟3

去皮的大蒜最後再用水沖洗乾淨
即可。

Spice

辣椒

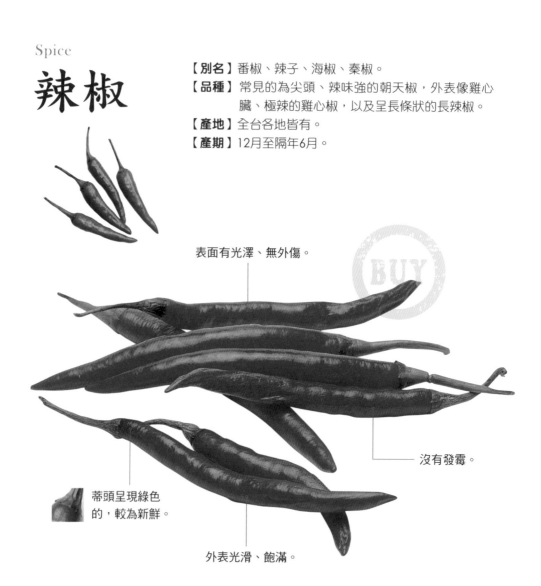

【**別名**】番椒、辣子、海椒、秦椒。

【**品種**】常見的為尖頭、辣味強的朝天椒，外表像雞心臟、極辣的雞心椒，以及呈長條狀的長辣椒。

【**產地**】全台各地皆有。

【**產期**】12月至隔年6月。

表面有光澤、無外傷。

沒有發霉。

蒂頭呈現綠色的，較為新鮮。

外表光滑、飽滿。

挑選

辣度可從外觀辨別

選購時，表皮光滑的辣椒通常比較新鮮，辣度較溫和，如果只是想在料理時增色，可選擇表皮較光滑的辣椒。

安心保存

以紙巾保存

辣椒用紙巾先包好,然後放入冰箱冷藏,放入冰箱冷藏雖然會乾縮,但辣度不減,可保存很久,辣椒雖然可存放很久,但在低溫貯存時容易產生寒害,建議少量購買用完再補。我也會把辣椒洗淨、烤成辣椒乾保存。

加入橄欖油保存

先將辣椒洗乾淨,放入烤箱烘乾、脫水,接著把辣椒切碎,之後跟橄欖油一起放進玻璃罐,最後放入冰箱冷藏。

建議一週內吃完

洋蔥

【別名】球蔥、玉蔥、元蔥。
【品種】洋蔥品種很多，一般多以顏色來區分。白洋蔥口感最甜、水分較高，黃洋蔥煮後會散發強烈甜味，紅洋蔥口感清脆、辛味明顯。
【產地】主要以屏東恆春、彰化及高雄等地為主。
【產期】12月至4月為主要產期。

沒有長芽、沒有氣根。

有辛香氣味。

球莖水分飽滿、頂端無凹陷。

沒有腐爛者。

球體完整、沒有損傷或裂開。

外表保護膜完整。

挑選

洋蔥有助抗氧化

洋蔥遇熱後所含的硫化物會揮發，用來煮湯帶有一股清香甘甜味。滷肉加熱時可放入洋蔥、蔥、薑、蒜（份量不拘）等一起加熱，有助抗氧化，且增加甜味以減少調味料的使用。

安心保存

先用鋁箔紙把洋蔥包好，把包好的洋蔥放入冰箱蔬果冷藏室保存。

> **TIPS** 用鋁箔紙包好可避光，能保存更久。
> 也可用不要的絲襪，放一球洋蔥打
> 一個結，掛在通風處，每次需要時
> 剪下一個。

安心清洗

先用水將洋蔥外表的髒汙沖洗乾淨，然後一層層將洋蔥外層的薄膜剝下，
最後剝完皮的洋蔥再以清水沖洗乾淨即可。

> **TIPS** 洋蔥的鱗片如果變軟，呈灰黃色，且按壓時有軟軟的觸感，表示已經壞掉了。

醬油

醬油依製程可以分成化製醬油及釀造醬油，因為用量少，我個人不太迷戀手工或古法釀製的醬油，反而喜歡化製醬油，因為它的品質較穩定，價格也合理。

安心挑選

成分單純、標示清楚

成分愈單純、標示愈清楚的醬油才是我的首選。

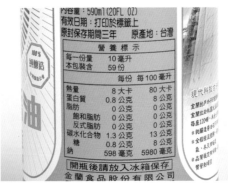

標示、成分清楚 →

挑選小罐包裝、短期能吃完為主

為符合不同家庭需求，市售醬油有分成大小罐裝，我通常都是挑選小罐包裝，以短期內能吃完為考量重點。

大罐裝

小罐裝

安心保存

化製醬油放室溫即可

化製醬油放在室溫保存就好,如果是保存在常溫、不直接日照處,玻璃瓶裝大概可保存2～3年,塑膠瓶裝時間短一些;但開封後因接觸空氣,風味容易變差或生黴,最好1～2個月內用完。

室溫

古法釀造醬油需冷藏

釀造醬油建議放在冰箱中保存比較好,特別是已開封過的。

放冰箱冷藏 ➜

選擇玻璃罐裝較好

調味料的容器最好選購玻璃製,市售醬油有用玻璃或是塑膠瓶裝,挑選時可多注意。

醋

醋是料理中滿常會用到的調味料，有時我也會用梅子醋來做涼拌菜，像是梅醋釀黃瓜等，酸酸甜甜的，很開胃。

安心挑選

小罐裝

調味料包含醋，盡量選擇小包裝、小罐裝，方便在短時間內食用完畢。

小罐裝

標示清楚完整

標示清楚、完整的產品，原料來源及品質較有保障。

標示完整

泡沫持久不散

釀造和非釀造都可選購,只要成分單純,例如只有米及酒精,沒有添加其他化學成分就好。搖一搖,如果泡沫持久不散通常為釀造醋。

安心保存

醋放室溫下保存

醋屬釀造物,可保存很久。但畢竟是食品,我建議開封後,1個月內就使用完畢比較好。

 譚老師經驗分享──檸檬汁代替醋

現代人很愛使用調味料,我的原則是若能以新鮮食材來取代,就盡量不使用,例如我常以檸檬汁來代替醋。

Seasonings

糖

精緻糖類屬於空熱量的食品，也有人稱為「糖毒」，建議每天攝取量以5顆方糖、25公克為限。

安心挑選

選擇台灣製造

市面上的糖琳瑯滿目，很多都是進口商品，但我習慣選擇台灣自產自製，比較能掌控品質。

雜質少的糖

調味料以成分純淨、不複雜為主，吃起來較為安心。

無雜質

安心保存

糖拆封後先裝進玻璃罐裡，再放
入冰箱或陰涼處保存。

玻璃瓶
裝好

安心食用

每人每天有糖分限制

糖每人每天以25公克為限，不可
攝取過量，適量就好。

一日 **25g** 為限

 譚老師經驗分享——蔬果取代糖調味

烹調時常會加入糖來調味，但我個人偏好用蔬果來取代糖，藉
此減少糖的用量，像是鳳梨芯、蘋果或洋蔥等都可增加甜味。

鹽

鹽是料理不可或缺的調味品,家中廚房一定都有,但其實鹽的成分也分很多種,心血管等慢性病患尤其要慎選。

安心挑選

購買台鹽精鹽

我都是購買台鹽的精鹽,標示清楚、便宜又好用。市售的海鹽、礦鹽、岩鹽或玫瑰鹽等,因較難掌控品質及來源,且難以分辨成分是氯化鉀,還是氯化鈉,通常不會選購。

安心食用

食用礦鹽、岩礦要多喝水

礦鹽、岩礦不溶於水的成分很高,建議有結石的患者要少吃,一般人食用後也務必多喝水。

有特殊疾病者要留意

有心血管疾病的人，應選擇「低鈉鹽」；洗腎、腎不好的人，應選擇成分為「氯化鈉」的鹽，成分標示不清的鹽，建議腎臟病及心血管疾病的患者要少食用。

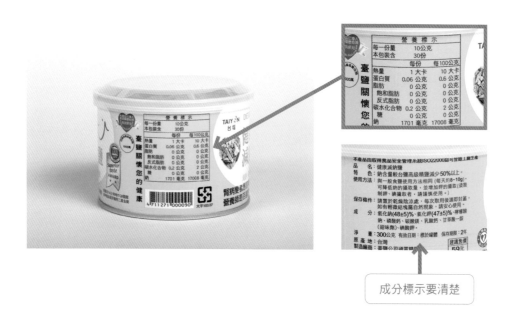

成分標示要清楚

裝進玻璃罐裡密封

台鹽的精鹽便宜又大包，通常可用很久，為了延長保存期限，避免潮濕，開封後我會把它裝入保鮮盒或玻璃罐置於室溫中保存。

咖哩

咖哩非常下飯，是我們家餐桌常見的「開胃料理」。咖哩含有薑黃素等成分，能護肝又抗癌，建議大家不妨多吃。

安心挑選

選用咖哩粉

我很喜歡咖哩，特別是咖哩粉，但較少選咖哩塊，因為它的油脂含量太高。

以小包裝為主

購買調味料時，我都以最小罐、最小包裝為優先考量，才不會因很久沒吃完而過了保鮮時間。

小罐裝

安心保存

可以將已經開封的咖哩粉裝進玻璃罐裡密封，再放入冰箱冷藏保存即可。

冷藏

安心料理法

做咖哩料理時，我都會以咖哩粉來替代咖哩塊，同時加入辛香料、香料葉（如：迷迭香、薄荷葉等）、辣椒或薑黃等材料，就很夠味。

咖哩粉　＋　香料

或

薑黃　辣椒

蛋餅食譜

材料
中筋麵粉、蛋

調味料
鹽

步驟

① 將中筋麵粉及少許鹽放入碗或鋼盆中，加水攪和均勻，然後揉成麵糰。

② 把麵糰放進冰箱冷藏（醒麵）一晚。

③ 取適當大小的麵糰放進油鍋中，並且加入雞蛋煎熟即可。

Chapter
9

COFFEE & TEA

咖啡&茶

聰明喝咖啡、茶，保護身體健康

現代人的生活總是離不開咖啡跟茶，不管是為了提神、解油膩，

咖啡跟茶都是很常見的選項。咖啡跟茶對於身體都有良好的幫

助，但也都含有單寧酸，攝取過量就容易失眠、睡不好，記得限

量攝取及注意飲用時間。

Caffeine

咖啡

咖啡含有綠原酸，能抗氧化，保護心血管健康。保存上建議視需求適量購買、注意避光、冷藏，也要注意不要攝取過量影響睡眠。

安心挑選

淺烘培最健康

咖啡在高溫烘培的過程中，綠原酸會被逐漸破壞掉，同時也會產生致癌物丙烯醯胺，從健康的角度考量，建議選擇淺烘培為佳。

淺焙 ─────────→ 深焙

眼睛觀察豆身、鼻子聞氣味

咖啡豆含油脂，新鮮的豆會具有天然光澤，挑選時可觀察豆身是否完整、乾燥，也可聞聞，選散發天然豆香者，避免有油耗味、豆身畸形、發霉的豆子。

聞

看

安心保存

分裝保存

依據每天要喝的量進行分裝。可用廚房紙巾將一天要喝的咖啡豆包好，再外包一層鋁箔紙，之後放進密封罐或保鮮盒裡，冷藏保存。

步驟1 取出一天要喝的咖啡豆份量，以廚房紙巾包好。

TIPS 咖啡豆怕潮濕，用紙巾包起可避免受潮。

步驟2 再以鋁箔紙包裹一層。

折成小包裝，以便放入保存容器

TIPS 咖啡豆怕光，保存時一定要避光。

步驟3 放進密封罐或保鮮盒裡，冷藏保存。

保持乾燥

每次都用乾淨、乾燥的勺子舀咖啡，不要將勺子留在密封罐裡。拿取時動作要迅速，舀好後馬上將蓋子蓋緊，避免讓空氣中的濕氣跑進去，縮短保存時限。

用乾淨的勺子舀咖啡

TIPS 請適量購買！每次購買大約一週份量即可。

安心食用

降低骨鬆危機，可間隔一小時以上再喝牛奶

不加糖、不加奶精的黑咖啡對健康最有益。拿鐵雖然加了牛奶，但咖啡中的單寧酸會阻礙鈣質的吸收，只能增加風味。若要用牛奶補鈣，建議在攝取咖啡的前後時間一小時以上喝，以降低骨鬆的風險。

←── 間隔 **1** 小時 ──→

睡眠障礙者少喝

咖啡的攝取量一天以一杯為宜，失眠、睡不好的人，中午過後最好就不要再喝咖啡或食用含咖啡因的食物，以免影響睡眠品質。

中午過後不喝

愛喝咖啡的你更要注意

台灣人很喜歡喝咖啡，但因為台灣氣候暖濕，是不利於保存咖啡豆的天氣。而只要26℃、濕度18.5%，咖啡豆就容易產生赭麴毒素，可能會造成泌尿道問題、肝臟毒性等健康問題，一定要留心。

Caffeine

茶

茶含有單寧酸,過去認為多喝容易加速骨質流失。不過近幾年也有研究指出常喝茶的人,骨質密度反而更高。不管是否對健康有益,建議最好適量攝取。

安心挑選

紙材質茶包最安全

市面上常見的茶包有尼龍、PET、不織布、棉、紙等材質,除了棉及紙材質,其它都有溶出塑化劑的疑慮。棉布茶包成分天然,但須留意是否經過漂白,才不會有螢光劑殘留的問題。紙材質的茶包無法「久泡不破」,但相較之下反而最安全。

選購國內本土茶葉

建議多買國內本土茶葉,尤其有標示生產履歷的。不要買來源不明的茶葉,或者是過期茶葉。

有生產履歷者為佳→

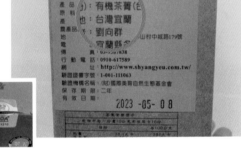

安心食用

第一泡茶最好倒掉

第一泡茶的營養成分最高，不過臺灣有混茶的問題，加上有些茶包用熱水沖泡後會溶出塑化劑或塑膠微粒，建議第一泡茶最好還是倒掉。

綠茶用冷泡

高溫會讓維生素C被破壞，建議維生素C含量較高的綠茶，盡量用冷泡的方式，避免用熱水沖泡，才不會造成營養流失。

提醒

茶跟咖啡一樣都含有單寧酸，同樣會影響睡眠品質，建議有睡眠障礙的人須限量攝取。

安心喝水守則，增加代謝！

很多人不知道到底喝多少水才正確？怎麼喝才對健康最有利？
以下飲水的守則，提供大家參考。

喝足量水以稀釋有害物質

食物及生活中含有許多毒素，想要避免健康受到危害，除了多吃新鮮蔬果外，喝足夠的水（2000cc～3000cc）也能稀釋體內的有害物質，加速肝臟、腎臟排毒的效率。

水中不須添加營養素

喝水是為了補充水分，很多人擔心喝純水會軟骨症，其實不要擔心，因為食物中所含的礦物質已足夠人體所需。

冬天更要多喝水

夏天天氣熱，自然而然會想要多喝水，但一到冬天，大家往往忽略了喝水的重要性。

其實，冬天是栓塞型腦中風及心肌梗塞的誘發期，喝足量的水才能避免血液太過濃稠，以預防心血管疾病的發生。

飲料無法取代水

湯、飲料及茶飲等有味道的液體，都不能用來取代喝水。咖啡以及茶除了含有咖啡因之外，還含有單寧酸，會阻礙鈣質、鐵質的吸收，一般人一天最好以2杯為限。

骨質疏鬆、腎病患者及孕婦等，結石患者則要避免飲用碳酸飲料，如可樂、汽水。

結石患者要避喝

碳酸
飲料

避免飲用未煮沸山泉水

山泉水的水源是否遭受汙染較難判斷，建議最好不要生飲。

不要取清晨的水當飲用水

最好不要取清晨的自來水當成飲用水，因為夜間用水量較少，水管一夜未流動，水質比較差，尤其是老舊社區可能使用鉛管，更易有重金屬沉積。同樣的，早上公共場合的第一杯水也不宜飲用。

TIPS

日間管路中的水流動性較大，水質較佳，所以可以晚上取水煮沸，當成日常飲用水。

煮水前先開抽油煙機

每天使用的自來水含微量「三鹵甲烷」，雖不至於造成嚴重危害，但若能運用簡單方法在飲用前先去除，能保障健康。可以煮沸時先將抽油煙機打開，再打開水壺的蓋子、轉小火再煮5～10分鐘，簡單動作就可減少水中的三鹵甲烷。

勿直接加生水

最好將水燒開或過濾後再倒入熱水瓶，建議勿直接加生水，才能降低水中的三鹵甲烷。

TIPS

三鹵甲烷可能會產生暈眩、疲倦、頭痛等，甚至有致癌性。除了藉由飲水、飲食，也可能透過沐浴、游泳，經呼吸和皮膚吸收而進入人體。

用過淨水器仍須煮沸再喝

淨水器只要具備單純淨水功能即可，不過即使家裡有裝置淨水設備，最好還是將水煮沸過再喝，尤其有肝、腎病及癌症患者，或老人、小孩及孕婦的家庭。

TIPS
煮沸後的開水宜在 24 小時內喝完，以免滋生細菌。

從排尿量來判斷水分是否足夠

水並非喝愈多對身體愈有利，水喝太多可能造成水中毒，引發低血鈉症。一般人評估喝水量是否足夠，可從排尿的情況來判斷，通常尿液顏色清澈，並且每天排尿6、7次代表喝水量足夠。

心血管疾病患者要適量喝水

心血管疾病患者，如果醫師沒有要求限制喝水量，最好睡前半小時喝150cc的水，早上起床也要喝水，可稀釋血液濃稠度，降低中風及心肌梗塞的可能性。

早起喝水預防便祕

早晨起床喝1杯溫水能預防便祕，但要避免一早起來就喝鹽水或是果汁等。

酒後多喝水

心血管疾病、膀胱炎、痛風、尿路結石、感冒、便祕等病患，以及喝酒後一定要多喝水。

洗澡以淋浴較合適

自來水中含有氯，基於環保及健康，洗澡最好用淋浴，不要泡澡並開窗保持通風，才能減少跟氯接觸的可能性。

瓶裝水勿置於車上

瓶裝水盡量不要放置在車上，因經高溫曝曬易溶出塑化劑，所以放在車上超過3天就應丟棄，放置戶外10天也要避免飲用。若已經開封，且放在車上2小時就不可飲用、最好丟棄，才能確保喝得安心。

譚老師經驗分享──放置淨水法

當颱風或暴雨過後水質變差時，可採放置法來淨水。

❶ 先取水置入鍋中或壺中，靜置 2 ～ 3 小時。

❷ 取上層水來煮沸飲用或烹調。

3cm

❸ 下層 3cm 的水可用來拖地及澆花。

善用中藥材4撇步，
冬令安心補！

只要天氣變冷，就會看到賣補湯的店家大排長龍，但台灣近來不時爆出中藥材抽驗出殘留農藥或二氧化硫的新聞，在此要教大家如何正確挑選、清洗中藥材，輕鬆安心食。

二氧化硫是「必要之惡」，勿驚慌

台灣人喜歡進補，特別是冬天時節，很多人會燉煮中藥材來補補身體。但近年來中藥材常傳出農藥或二氧化硫殘留事件，讓人擔心進補反而傷了身體。

我常說二氧化硫是「必要之惡」，經過二氧化硫處理的藥材，才能降低霉菌及毒素產生的機率。只要我們在燉煮前確實清洗，就能大量減少二氧化硫殘留的可能性。

進補的重點在食材

此外，真正的營養藏在食材裡，進補時不要只喝湯、不吃料，例如：燒酒雞要吃的是雞肉，枸杞魚湯也要吃魚，如此才能真的幫身體補充營養。

特別提醒

很多人會在藥膳裡添加米酒，不過老人、小孩、孕婦、肝病、腎病及自體免疫疾病患者（如類風濕性關節炎、紅斑性狼瘡）不適合全酒料理，且酒精會造成脫水，一般人吃完全酒料理，要記得多喝水也不要開車。

安心挑選

以袋裝、資訊完整為佳

選購中藥材最好有完整包裝，若包裝上有註明產地、保存期限等詳細資訊更佳。

沒有酸味

選購時可以聞一下中藥材，若聞起來沒有酸味，代表添加的二氧化硫比較少。

安心保存

保持乾燥

中藥材保存的重點在乾燥，盡量保持乾燥，才能避免發霉，通常我建議少量購買，購買中藥材的量，以一餐能吃完為主。

密封放在冷凍庫

購買的中藥材如果真的用不完，建議用紙包好以後，再用密封袋或塑膠袋等密封起來，放在冰箱的冷凍庫裡保存。

沒吃完一定要冷藏

中藥補湯是高營養的食物，很容易滋生細菌，最好當餐吃完，沒吃完的話一定要放冰箱冷藏。

無毒清洗

步驟

❶ 把藥材放在篩網，在水龍頭下抓洗1、2分鐘，先把灰塵沖洗乾淨。

⌄

❷ 燒一鍋開水，水滾後將藥材倒入汆燙2～3分鐘，撈起後再用來燉煮。

燙**2～3**分鐘

⌄

❸ 或者是用60℃以上的水浸泡30分鐘，也能去除二氧化硫。

泡**30**分鐘

安心料理法

用陶鍋燉煮

使用陶鍋來燉煮藥膳，不但保溫性較高，味道也會較好；但是陶鍋容易染味，所以燉煮一般食材的鍋，要避免拿去燉煮藥材，建議分開，也切記煮藥膳時不要用鐵鍋。

熬煮不超過 2 小時

含蛋白質的食材，例如雞肉、排骨等，最好不要熬煮超過2小時，才能避免產生毒素。

中草藥茶洗過再泡茶

沖泡茶葉或菊花、枸杞、紅棗等中草藥，最好都要清洗，並且不要喝第一泡。

烤肉這樣吃，安心、無毒！

烤肉雖然美味，卻也讓人擔心吃進異環胺、苯並芘等致癌物，其實只要事前、事後做點調整、烤對方法，就能降低有害物質傷害健康。

中秋節烤肉是台灣民眾常見的活動，也是親友聯繫感情的方式，不過很多人可能沒想過，這項應景的活動，可能暗藏著對健康不利的因素。

首先是炭火會產生一氧化碳、多環芳香碳氫化合物等致癌物質，吸入過量恐危害健康。此外，烤肉用的鋁箔紙若沾到酸性調味料，如：醋、檸檬汁及番茄醬等，也會增加鋁的溶出。

而食材直接在炭水上高溫烘烤，也會產出有害物質。若要烤肉同時又兼顧健康，建議可用以下方式：

準備篇

選對烤肉架及烤肉網

烤肉架及烤肉網選擇304或18-8不鏽鋼材質，才能耐高溫又避免釋出有害物質。

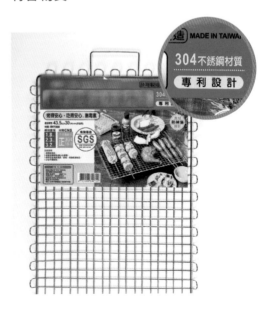

在通風處烤肉

烤肉一定要選擇合適的地點，如戶外通風處，因長期呼吸烤肉所產生的燻煙，會增加罹患肺癌的機會。

鋁箔紙正確用法

使用鋁箔紙時，以亮光面接觸食材，霧面朝外的方式受熱快，且避免事先以酸性調味料調味。

竹籤先用滾水煮過

烤肉用的竹籤可能使用二氧化硫漂白過，最好先放入滾水煮過、瀝乾後再用。

烹調篇

方法1 食材先烹調再烤

食材最好先簡單烹調過再烤，可以減少烤肉高溫加熱的時間。例如：雞翅、雞胸、雞腿、較厚的肉片或豆干等，可先用水煮過，或事先微波加熱至7、8分熟，之後再稍微烘烤即可。

水煮或微波加熱
7、8分熟，再烘烤

方法2 用辛香料或酒醃肉

使用啤酒、紅酒、洋蔥、鳳梨、檸檬汁、蔥、薑、蒜或初榨橄欖油等醃肉，可以大幅減少肉類高溫加熱時所產生的致癌物質異環胺，尤其是啤酒，可減少約88%異環胺。

用辛香料等先醃肉

加工肉品先水煮

香腸、火腿、培根、熱狗等紅肉加工肉品，可先用水煮過，以減少亞硝酸鹽及磷酸鹽的量。

離炭火遠一點

食材離炭火愈遠愈好，已經烤黑、烤焦的部分，致癌物及毒素的含量很高，建議不要食用。

禁忌搭配

❶ 番茄、香蕉含有次級胺，建議不要與紅肉加工肉品，如香腸一起食用。

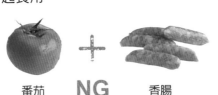

番茄 　NG　 香腸

❷ 魷魚、秋刀魚、鯖魚、干貝以及鱈魚，也是含胺量較高的海鮮，不建議同時跟紅肉加工品，例如香腸、火腿等一起食用。

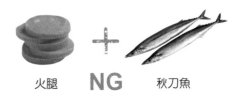

火腿 　NG　 秋刀魚

排毒、解毒

烤肉後可以多吃含維生素 C 較高的水果，例如：芭樂、蘋果、奇異果等等，皆有助於排毒，而中秋應景水果柚子，則是含有豐富的纖維質，鉀及水分，烤肉後多吃對健康有益處。

加工肉品少毒、解毒5招！

「加工肉品可以吃嗎？」其實，香腸、臘肉、火腿不是不能吃，關鍵在如何健康吃，以下提供幾個簡單、容易實行的小訣竅，照著做就能適量吃！

加工肉品之所以令人擔心，是因這些食物含有亞硝酸鹽，添加亞硝酸鹽的目的是要防止長菌，是必要之惡，但許多人擔心其在體內可能產生亞硝胺，所以對於加工肉品是否能吃出現了許多不同聲音。其實，不是完全不能吃這些加工肉品，只要透過正確挑選、烹調及食物搭配，就有助於降低產生亞硝胺，當然，適度品嘗、不過量食用也是健康的關鍵。

第1招

不買色澤太紅的

有些加工肉品廠商為了增加食物的賣相，會添加較多色素，造成加工肉品顏色偏紅，選購時可以多留意，不要選顏色太紅的。

第2招

先用水煮過

香腸、火腿、培根或臘肉，在食用烹調前，最好先用水煮過，可減少亞硝酸鹽、磷酸鹽的量。

可以這樣做！

❶ 料理時可先用叉子把表面戳出許多小孔洞。

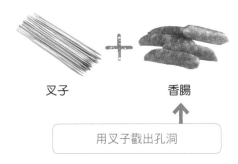

叉子　　　　　　香腸

　　↑

用叉子戳出孔洞

❷ 放進冷水裡煮，可溶解出較多硝酸鹽；煮熟後再把加工肉品拿去烹調。

第3招

避免高溫油炸

含亞硝酸鹽的食物，只要以100度高溫加熱5分鐘就會形成亞硝胺，所以要避免高溫油炸、燒烤。

第4招

不和含胺類食物一起吃

加工肉品避免和乾燥海產類或新鮮鯖魚、干貝、起司、蛋、香蕉、番茄、含乳酸菌類飲品等一起食用，以減少產生亞硝胺。

第5招

多吃高維生素 C 食物

最後建議多吃高維生素C食物，像是芭樂、柑橘類或是綠色蔬菜、全穀類等，其可抑制合成亞硝胺，還能加速體內毒素代謝。

過年 零食聰明吃、享受又不增肥的4個祕訣！

真的不能吃零食嗎？不斷忍耐食慾，不只會影響情緒，更影響了身體健康。比起壓抑，更建議學會適量、聰明吃，滿足口慾又不怕胖！

不過度的忍耐食慾，重點是適量

情緒跟健康息息相關，而「吃」會帶來愉悅的感受，刻意忍著不吃，未必是最好的方式。很多人喜歡吃零食，因為會帶來滿足感，但又怕影響健康或體重。我常建議大家零食不是不能吃，但要懂得適量，並且要想辦法把額外攝取的卡路里消耗掉。

或甜點，像是蛋糕、霜淇淋，但保持健康的秘訣是要懂得節制及平衡。例如，把一塊蛋糕跟家人一起分享，或者當成早餐。可享受美食，但不會過量。

安心食用

祕訣1

和家人分享或當成早餐

在正餐之外，我有時也會吃些零食

祕訣2

選吃起來費力或有飽足感的

另外一個聰明吃零食的訣竅，則是選擇吃起來較費力，例如帶殼、無調味的堅果，或熱量不高但吃起來較有飽足感的，例如米香。

祕訣3

在前後餐減糖或減油

只要當天有吃高油、高糖、高澱粉的零食或甜點，我就會在前一餐或下一餐減少糖或油脂的攝取，同時增加膳食纖維或蛋白質的份量。

祕訣4

運動消耗多餘熱量

滿足了口腹之慾以後，也別忘了計算一下自己多吃了多少卡路里，想辦法利用運動消耗掉，這樣下次再吃零食時，也會更心安理得。

安心食用熱量對照表

◆常見零食及熱量（排序依份量少→多）

種類	100卡約略份量
鳳梨酥	1/2個
鱈魚香絲	1/2個
牛肉乾／豬肉乾	1/2片（約45克）
魷魚絲	40克
蛋捲	1根
花生糖	1個
新貴派	1個
沙其瑪	1個
方塊酥	1.5個
三明治餅乾	2片
芝麻麻糬	2個
牛軋糖	2個
核桃	4個（約2匙免洗湯匙）
旺旺仙貝	7片
洋芋片	10片
腰果	10顆（約2匙免洗湯匙）
杏仁果	12顆（約1匙免洗湯匙）
開心果	19顆（約2匙免洗湯匙）
醬油瓜子	72粒（約4匙免洗湯匙）

◆運動 30 分鐘消耗的熱量（排序依份量少→多）

運動種類	50KG	55KG	60KG	65KG	70KG
慢走	77	85	93	101	109
快走	112	121	132	143	154
腳踏車	124	137	149	162	174
有氧舞蹈	126	138	150	162	177
羽球或排球	128	140	153	166	179
籃球	150	165	180	195	210
爬樓梯	199	219	239	259	279
跳繩（60～80下／每分鐘）	225	248	270	293	315
慢跑	235	259	282	306	329
滑步機／划船機	237	261	284	308	332
游泳蛙式	297	324	354	348	414
游泳自由式	435	480	525	567	612

譚老師經驗分享──自製健康烤核桃

核桃是我家常備的健康食材，無論是當成日常零食或早餐的一部份，都簡單又健康。但市售許多核桃都太多調味，因此我都買生核桃回來自己處理。可用電鍋或烤箱處理，方法如下：

❶ 先用生水將核桃清洗乾淨。

再洗一次

❷ 用開水（或過濾水）再洗一次。

瀝乾

❸ 將核桃瀝乾。

❹ 電鍋外鍋先舖上烘焙紙，將瀝乾後的核桃平舖上去，蓋上鍋蓋。按下加熱鍵，跳起後試一下熟度，如果不夠熟，就再按一次加熱。

也可用烤箱

除了電鍋之外，也可使用烤箱：

① 烤箱先用120℃預熱10分鐘。

② 把核桃放進烤箱，以120℃烤10分鐘，試一下熟度，如果不夠熟，就再烘烤5分鐘。

TIPS 其他堅果也可用這方法處理。

飲酒過量會提高早死及失智風險

每當夏天一到，街頭上常看見年輕人人手一罐啤酒，其實酒精對健康的危害比大家想像的更嚴重，若非喝不可，也建議多喝水來稀釋酒精！

酒精攝取過量易提升早死、失智風險

研究報告顯示，每週攝取酒精超過100公克的人，不但較易罹患中風、致命動脈瘤、心臟衰竭，同時還會提升早死的風險。新的研究更指出，男性若每天飲用超過一罐啤酒、女性超過半罐，就會增加失智的風險，尤其是喝酒後容易臉紅的人，因為體內缺乏解酒酵素～乙醛去氫酶，罹癌或失智的風險又更高一些。

> **注意攝取量！降低早死風險**
> 男性每日攝取量＜一罐啤酒
> 女性每日攝取量＜半罐啤酒

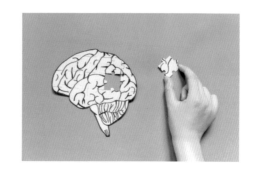

一週不宜超過 10 罐啤酒或 2.5 瓶紅酒

根據衛福部提供的資料，一罐350c.c.的啤酒約有10公克的酒精，一瓶葡萄酒、紅酒，則含有40公克的酒精，換算下來每個人每週喝10罐啤酒或2.5瓶紅酒，酒精的攝取量就要超標。不過，這樣的酒精建議量被認為還是太過寬鬆。

高粱酒可作為假酒解毒劑

過去曾發生過患者因誤喝假酒造成中毒的案例，酒精的成分是「乙醇」，而假酒則是「甲醇」，若不小心喝到假酒出現視力模糊、嘔吐、昏迷、腹痛等情況，除了迅速送醫之外，建議途中先至超商購買真酒（例如高粱酒），當成解毒劑來喝，對健康的傷害可能會少一些。

1罐350c.c.啤酒≒10公克酒精

1瓶葡萄酒、紅酒≒40公克酒精

非喝不可？建議多喝水稀釋

過去曾有傳聞指出喝紅酒有益心血管健康，不過這樣的說法已經被推翻。如果碰到非飲酒不可的時候，最好的方式就是多喝水來稀釋酒精，建議喝了一杯酒之後，至少要再喝一杯白開水才行。

萊豬可以吃嗎？
專家的安心食守則

萊豬開放進口後，民眾都關心到底能不能吃？會不會影響健康？在此提供大家一些注意事項，包括該避免食用的族群以及減少影響的好方法。

健康成年人的每日最大安全容許量（ADI）

聯合國糧農組織／世衛組織食品添加劑聯合專家委員會（JECFA）指出，萊克多巴胺的「每日最大安全容許量（ADI）」為每人每日每公斤體重為1微克，不過這個標準適用於健康的成年人。

下列族群不適合食用萊豬

這些族群因對萊克多巴胺較敏感，建議應該盡量避免攝食，尤其是內臟組織。

①三高患者
②心血管疾病
③嚴重肝臟疾病
④嚴重腎臟疾病
⑤甲狀腺疾病
⑥兒童及嬰幼兒
⑦孕婦及哺乳婦女
⑧運動參賽選手（藥檢可能會無法通過）

安心挑選

生活中我們可能無法完全避免接觸萊豬，但可以利用下列方法，盡量降低萊克多巴胺可能帶來的影響。

購買本土肉品

目前台灣及歐洲養豬業都不使用萊克多巴胺，食用台灣豬可支持本土畜牧業。購買時應認清政府標章的肉品（可能多種台灣本土標章一起

出現），如CAS屠宰證明、產銷履歷，還有本土品牌如香x豬、信x豬、安x豬等台灣肉品。

注意食品成分標示

很多食品會含豬肉成分，例如蝦餃、魚餃等，而不少加工食品也含有豬油，像是魚丸、魚漿、蝦餅、餅類或豆沙等，購買時應留意標示。

安心食用

第1招 烹調前先汆燙

萊克多巴胺可部分溶於水，先汆燙可大量去除殘留。不過，須注意避免直接用沸水燙煮肉塊，而是應先放在冷水中，再加熱至沸騰。熱水會讓肉品一下鍋，表面的蛋白質就因高溫而凝固，進而使內部的血水被鎖住，無法完全去除萊克多巴胺。不過若是薄片肉，就可以直接用沸水汆燙。

第2招 少吃內臟

肝、腎、腸、肺等內臟組織的萊克多巴胺殘留量較高，若無法確定來源，建議少吃內臟器官及其料理的湯汁。因萊克多巴胺會溶在湯汁裡，建議豬肝湯只吃豬肝不喝湯。

第3招 排出有毒物質

多吃高纖維食物、適量喝水及運動排汗等，都有助於排除有毒物質，讓身體更加健康。

食安靠自己維護！

雖然希望政府部門嚴格把關，確實查核並且落實標章，但民眾還是應行使自己的消費權利。拒絕購買不良商品，讓它自然被市場淘汰。

國家圖書館出版品預行編目資料

譚敦慈的安心廚房食典：最全面的採買 X 保存 X 烹調
X 清潔，從吃開始，守護全家人健康 !/ 譚敦慈著 . -- 二
版 . -- 臺北市：三采文化股份有限公司 , 2021.07
面；　公分 . -- (三采健康館；100)
ISBN 978-957-658-582-1(平裝)

1. 烹飪 2. 食物 3. 食物容器

427　　　　　　　　　110008674

@內頁圖片提供：
P.236 上圖、P.255 下圖、P.258
圖片來源：stock.adobe.com

suncolor
三采文化集團

三采健康館　100

譚敦慈的安心廚房食典
最全面的採買╳保存╳烹調╳清潔，從吃開始，守護全家人健康！

作者｜譚敦慈
副總編輯｜鄭微宣　責任編輯｜藍尹君、陳雅玲　文字整理｜吳佩琪
美術主編｜藍秀婷　封面設計｜池婉珊　內頁排版｜陳育彤
行銷經理｜張育珊　行銷企劃｜周傳雅　攝影｜林子茗

發行人｜張輝明　總編輯｜曾雅青　發行所｜三采文化股份有限公司
地址｜台北市內湖區瑞光路 513 巷 33 號 8 樓
傳訊｜ TEL:8797-1234　FAX:8797-1688　網址｜ www.suncolor.com.tw
郵政劃撥｜帳號：14319060　戶名：三采文化股份有限公司
初版發行｜ 2021 年 7 月 16 日　定價｜ NT$420
　　　2 刷｜ 2021 年 8 月 20 日